辣妈育儿
♥lama Yu'er♥

0~3岁宝宝
辅食圣经

林久治 著

SPM 南方出版传媒

广东科技出版社 | 全国优秀出版社

· 广州 ·

图书在版编目（CIP）数据

0～3岁宝宝辅食圣经／林久治著．—广州：广东科技出版社，2016.2

（辣妈育儿）

ISBN 978-7-5359-6478-6

Ⅰ．①0…　Ⅱ．①林…　Ⅲ．①婴幼儿—食谱　Ⅳ．①TS972.162

中国版本图书馆CIP数据核字（2016）第015457号

0～3 sui Baobao Fushi Shengjing

0～3岁宝宝辅食圣经

责任编辑：杨敏珊

特约编辑：李琳琳

美术编辑：王道琴

封面设计：罗　雷

责任校对：盘婉薇　冯思婧

责任印制：吴华莲

出版发行：广东科技出版社

　　　　　（广州市环市东路水荫路11号　邮政编码：510075）

http：//www.gdstp.com.cn

E-mail：gdkjyxb@gdstp.com.cn（营销中心）

E-mail：gdkjzbb@gdstp.com.cn（总编办）

经　　销：广东新华发行集团股份有限公司

印　　刷：北京尚唐印刷包装有限公司

规　　格：720mm×1 000mm　1/16　印张12　字数240千

版　　次：2016年2月第1版

　　　　　2016年2月第1次印刷

定　　价：39.00元

前言

　　0～3岁是宝宝一生中成长发育最快的时期，也是宝宝智力启蒙和情商培养的关键时期，营养是婴幼儿生长发育的物质基础，只有吃得好，宝宝才能健康地成长。营养因素是影响婴幼儿脑发育最重要的环境因素。全面、均衡的营养有利于促进婴幼儿大脑及身体各个器官的良好发育；营养缺乏或者过多都会对婴幼儿的智力发育和全面发展产生不良影响。0～3岁也是宝宝学习吃的技能、养成良好饮食习惯的黄金时期。宝宝学习吃的学校是家庭，妈妈是宝宝最好的老师，所以妈妈们一定要学习一些宝宝的辅食添加和营养知识，合理而科学地喂养宝宝。

　　本书根据婴幼儿生长发育的特点，介绍了合理喂养与婴幼儿生长发育的关系；根据婴幼儿不同生长发育时期的营养需要特点和咀嚼与消化能力，介绍了不同的辅食制作方法和营养特点，以及辅食制作过程中应注意的问题。同时，还给予缺乏育

儿经验的新手妈妈一些必备的喂养技巧，让妈妈们能轻轻松松地掌握。宝宝在0～3岁这个时期，身体抵抗力差、免疫力低，往往难以抵御疾病的"袭击"，宝宝一生病，妈妈就着急，担心吊针、吃药副作用大。其实，食物是宝宝最好的保健品，本书还为妈妈们精选了多道宝宝常见病的对症食疗菜谱，既安全又有效，宝宝不仅爱吃，也能够帮助身体更快地好起来。

每一位妈妈都是宝宝最好的营养师，每一道精心制作的辅食都凝结着妈妈的爱心，宝宝在好妈妈无尽的关爱和呵护下，一定会快乐幸福地成长！

知名儿科病理专家
首都儿科研究所研究员
国务院政府特殊津贴专家

注意：请根据宝宝身体的实际情况选择合适的辅食。
宝宝常见病食疗菜谱请在医生指导下使用。

〔目录〕

Contents ...

Part 3

宝宝断奶中期（7～8个月）

Chapter 1

24 宝宝身心发育监测

Chapter 2

28 宝宝营养与照护要点

Chapter 3

34 蠕嚼期断奶辅食

Part 4

宝宝断奶晚期（9～10个月）

Chapter 1

42 宝宝身心发育监测

Chapter 2

46 宝宝营养与照护要点

Chapter 3

50 细嚼期断奶辅食

Part 5

宝宝断奶结束期（11～12个月）

Chapter 1

58　宝宝身心发育监测

Chapter 2

62　宝宝营养与照护要点

Chapter 3

64　咀嚼期断奶辅食

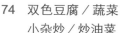

Part 6

宝宝牙齿初成期（1～1.5岁）

Chapter 1

76　宝宝身心发育监测

Part 1

宝宝断奶准备期
（3～4个月）

Chapter 1 宝宝身心发育监测

🐰 3个月宝宝身体发育水平

在这个月，宝宝的身高、体重、头围等都有不同的增长，身高和体重的增长是呈跳跃性的，也是个连续的动态过程。

● **身高**

前3个月婴儿身高每个月平均增加3.5厘米。满2个月的婴儿身高可达57厘米，第3个月婴儿的身高可增长3～4厘米，到了第3个月末，婴儿身高可达60厘米。 虽然身高是逐渐增长的，但是，并不一定都是逐日增长的，也会呈跳跃性。有的婴儿半个月都不见长，但过了1周，却长了将近3周的水平。生长是个连续的动态过程。

● **体重**

体重是衡量婴儿体格发育和营养状况的重要指标。第3个月的婴儿体重可增加900～1250克，平均体重可增加1000克。这个月应该是婴儿体重增长比较迅速的1个月。平均每天可增长40克，1周可增长280克左右。

在体重增长方面，并不是所有的孩子都是渐进性的，有的呈跳跃性，这两周可能几乎没有怎么长，下两周又快速增长了近200克，出现了对前段的补长趋势。

● **头围**

头颅的大小是以头围来衡量的，头围的增长与脑的发育有关。月龄越小头围增长速度越快，3个月婴儿头围可增长约1.9厘米。婴儿头围的增长是有规律的，是一条逐渐递增的上升曲线。

● **囟门**

前囟和上个月比较没有多大变化，不会明显缩小，也不会增大。前囟是平坦的，可以看到和心跳频率一样的搏动，这是正常的。

3个月宝宝动作发育水平

身体控制由反射动作转变为意志性动作。仰卧时，头部居中，姿势对称，可抬头。身体一侧的手脚一起活动，然后换另一侧，或者双手一起、双脚一起活动并用力活动手臂及转头。俯卧时，由胸部支撑抬起头挺直约10秒，头可抬起数分钟。俯卧时臀部低，双脚弯曲。被拉着站起来时，双脚贴着地面，能短暂支持。需要人支持才能坐，可稍微维持姿势，头会稍微摇晃。手掌大多张开，抓握反射逐渐消失，可能无法握紧物品。开始挥击，但也许离目标还很远。以两手臂一起伸向物品，从两侧开始到身体前方会合，常以握紧的拳头去碰物。

3个月宝宝语言发育水平

能主动发出"呜、啊、哦"的音。由喉底发出如"咯咯"等声音。较少啼哭。宝宝发声不受环境影响，会以发声作为社交性的回答，被动倾听人声，分辨人声，并听出不同字音。

3个月宝宝感觉发育水平

● 视 觉

3个月宝宝的视觉有了发展，开始对颜色产生了分辨能力，对黄色最为敏感，其次是红色。当宝宝见到这两种颜色的玩具时很快能产生反应，而对其他颜色的反应要慢一些。另外，宝宝也能看得更远了。

● 嗅 觉

这个月的宝宝嗅到有特殊刺激性的气味时，会有轻微的受到惊吓的反应，慢慢地就学会了回避不好的气味，如转头。

3个月宝宝心智发育水平

注意力可维持4～5分钟。物体于眼前移动时，双眼及头部可至少跟随10秒，由一侧转至另一侧。看到物品，脸上有反应，可集中注意力于眼前或远处的图片或玩具。眼神可自一物浏览至另一物，也可立刻看见晃动到面前正中之物，并可用握紧的拳头挥击物品，或以两手伸出碰触。会观看手中玩具，分辨近与远的物品，并伸弯手臂探试距离的变化。开始显露记忆能力，会等待定时的作息，如喂食。对重复的声音或影像感到不耐烦，但很快就会安静下来以注视人脸，对立体脸孔较注意。开始认出并分辨家庭成员。长时间观看自己的手、脚，边动边看，以手摸索脸、眼睛、嘴。开始感到自身的存在。对喜欢的景象或活动会一看再看，会毫无缘由地重复同一动作，可能会将行动与其结果联想在一起。会停止吸吮来倾听，也会同时观看与吸吮。以眼睛搜寻声音来源。以全身反应大部分的刺激。吞咽与抓握由意志控制。开始整合意志性与反射性行为。

3

🐰 4个月宝宝身体发育水平

这个时期宝宝的增长速度开始稍缓于前3个月。宝宝的头看起来仍然较大，这是因为头部的生长速度比身体其他部位快。

● 身高

4个月宝宝身高增长速度与前3个月相比，开始减慢，1个月平均增长约2.0厘米。但与1岁以后相比还是很快的。不要为宝宝一时的身高不理想而担心。身高的增长是连续动态的，静态的一次或1个月的测量值，并不能说明是否偏离了正常生长标准。

● 体重

4个月的宝宝体重可以增长900～1250克。如果体重偏离同龄正常婴儿生长发育标准太多，就要寻找原因。除了疾病所致以外，大多数是由于喂养或护理不当造成的。

● 头围

4个月宝宝头围可增长1.4厘米，婴儿定期测量头围可以及时发现头围过大或过小。如果超过或低于正常标准太多，则需要请医生检查，是正常的变化，还是疾病所致。

如果宝宝的头围增长过快，要考虑脑积水或佝偻病；头围增长过慢要注意婴儿智能发育，是否有

小头畸形或狭颅症等。测量头围需要准确，方法要正确，不像体重、身高，头围增长范围不大，如果测量误差比较大，就会造成不必要的担忧。所以测量头围最好请医生测量，或父母在医生那里学会正规的测量方法。测量头围应用软尺测量，宝宝采取立位或坐位，爸爸妈妈将软尺0点固定于宝宝头部一侧眉前上缘，紧贴头皮绕枕骨结节最高点及另一侧眉弓上缘回至0点，读数记录至小数点后1位数。

● 囟门

4个月龄的宝宝后囟早已闭合，前囟在1.0～2.5厘米，如果前囟大于3.0厘米或小于0.5厘米，应该请医生检查是否有异常情况。前囟过大可见于脑积水、佝偻病，前囟过小可见于狭颅症、小头畸形、石骨症等。

囟门的检查多要靠医生。有的医生在测量囟门时，没有考虑到个别婴儿囟门呈假性闭合（膜性闭合），就是说从外观上看囟门像是闭合了，其实是头皮

张力比较大，类似闭合，但颅骨缝仍然没有闭合。这些不解释清楚，会给父母带来不必要的担心。

父母不要因为宝宝囟门大就认为是佝偻病，从而盲目补充钙剂。婴儿发热时，囟门可能会膨隆、饱满，如果怀疑有颅脑疾病，要请医生鉴别。

🐰 4个月宝宝动作发育水平

仰躺时，头保持正中。坐或卧时，头均可自由转动，头可稳稳抬起，维持短暂时间。俯卧时，双臂伸直或以前臂支撑，头可抬至与床面成直角。仰卧时，头可撑起，抬至看得见手和脚。俯卧时，双脚伸展，可故意弯曲腰以下的肌肉，臀部抬起；还可以摇动，四肢伸展，背挺起成弓形。可由俯卧或侧躺姿势翻身。拉宝宝站立，双腿会伸展，使肩膀到脚成一直线。若有人支撑，可坐上10～15分钟，头部稳定，背部坚实。

在精细动作上，双手活动较灵敏，也有较多变化了，两手手指会交互拉扯。抓握东西时，手掌与四指在一边，拇指在另一边，但不熟练。挥击物体仍不准确。视线可由物体游移至手，再回到物体，想抓但常抓不准，不是抓得太低、太远，就是太近。

🐰 4个月宝宝语言发育水平

喉咙主动发出的"咕咕"声有声调的抑扬变化。开始牙牙学语，能发出一连串不同的语音。哭声坚定有力。有

人对宝宝说话时，他会微笑、高兴地尖叫、"咕咕"发声。宝宝4个月已经学会用各种各样的笑来表达他内心的喜悦和对周围事物的好奇心，并模仿数种音调。

🐰 4个月宝宝感觉发育水平

能识别妈妈和面庞熟悉的人以及经常玩的玩具。能注意倾听音乐，并对柔和动听的音乐声表示出愉快的情绪，对强烈的乐声表示不快。听到声音能较快转头，能区分爸爸妈妈的声音。

🐰 4个月宝宝心智发育水平

对事物的细节有兴趣。坐或卧时，头部与眼睛能平稳地追随吊挂或移动的物体与声响而转动，能立刻注意到小玩具。用手将吊挂物扭向自己，将物体带到嘴边，用一手臂及张开的手掌拍击，但常打不中目标。注视物体开始往下掉的地方。

有5～7秒的记忆力。对真的人脸会微笑并发声较多，对照片则较少。能分辨人脸与图案，知道人与物不同。还可分辨脸孔，认得妈妈，但可能会讨厌陌生人。可能会对镜中自己的影像微笑、说话，开始调整对人的反应。觉察本身行动与其所产生的结果的区别，也觉察自身与外界其他对象的不同；可觉察到陌生的环境。可分辨各种玩具，也许会偏好某一玩具，还可能将玩具由一只手换到另一只手中。

宝宝营养与照护要点

 母乳不足时添加牛乳的依据

宝宝进入3个月后，妈妈乳汁分泌会慢慢减少，渐渐地满足不了已经长大的宝宝的需求。如果宝宝每周增加体重从原来的150克降至100克，或者是体重不增，就说明是乳汁不足。此外，如果出现宝宝要奶吃的哭闹时间提前，或夜里本来只起1次夜，现在变成一夜哭闹2~3次，也可以确定是母乳不足了。

母乳不足时，可先加1次牛奶试试。在妈妈觉得乳房不发涨的时候，可给宝宝喂150毫升牛奶，试着连续喂5天。如果5天后宝宝体重增加仍不到100克，就需再加1次牛奶，但不要过量地喂。如果每天喂6次奶，牛奶的量每次不应超过150毫升，日平均体重增长不应超过40克（前5天共200克）。如果每天加2~3次牛奶，宝宝日平均体重增加30克左右，就可一直坚持下去。总而言之，随着宝宝需奶量的增加，加喂牛奶的次数也相应增加，但前提条件是，随时称宝宝的体重，看宝宝的表现。

有些宝宝在妈妈给添加牛奶后，就喜欢上了牛奶。因为，橡皮奶嘴孔大，吸吮省力，而母乳流出比较慢，吃起来比较费力，所以宝宝开始对母乳不感兴趣了。这时，妈妈不要随宝宝的兴趣，还应继续母乳喂养。

 让宝宝学会接受奶粉

宝宝不接受奶粉，这在3个月以后的婴儿中比较多见，所以，为了避免宝宝不吃奶瓶、不喝奶粉，提前锻炼宝宝接受奶粉还是很有必要的。

如果母乳足，可用奶瓶喝一点水或果汁，也可偶尔给宝宝喝一点奶粉，让宝宝熟悉奶粉的味道。妈妈应该从这个月开始，锻炼宝宝吸吮橡皮奶头。因为，到了下个月，有些从来就没有吃过橡皮奶头的宝宝，会拒绝使用奶瓶。

人工喂养的宝宝要控制食量

3个月以后，人工喂养的宝宝每次的食用量为180毫升，这一用量是在将喂奶次数由6次改为5次的基础上计算出来的。若每天喂宝宝6次奶，每次奶量则不要超过150毫升。

这个月的宝宝每天的食用量不得超过1000毫升，只要超过1000毫升，对宝宝的健康不利。食量过大的宝宝常见以下异常表现：

厌食奶 宝宝厌食奶并不是突然发生的，而是前一两周里奶吃得过多所致。

过胖 过胖不仅使人体脂肪组织增加，而且可加重心脏负担。由于脂肪组织增加，宝宝动作会变得迟缓，站立也会较晚。

因此，宝宝每天食牛奶的量不应超过1 000毫升。但也有食量小的宝宝，每次喂150毫升的牛奶，总要剩下40～50毫升。只要宝宝精神饱满、精神愉快，总是露出笑脸、腿脚乱蹬，发育上就没有任何问题。

🐰 需要添加辅食的信号

3～4个月是给宝宝添加辅食的最佳时机，至于具体从什么时候开始，每个宝宝有所不同，妈妈要仔细观察宝宝传递给你的"开饭信号"。

信号一：宝宝对大人的食物表现出兴趣。大人吃饭的时候，宝宝有很"想要"的表情。

信号二：能

够控制自己头颈部，接受妈妈喂的流质或半固体食物。

信号三：宝宝吃饱后，也能用转动头部、闭嘴、推开食物表示"不要"。

🐰 添加辅食要循序渐进

所谓循序渐进的添加辅食，一是从少到多逐渐增加，如蛋黄开始只吃1/4个，若无消化不良或宝宝拒吃现象，可增至半个。二是从稀到稠，也就是食物先从流质开始到半流质，再到固体食物逐渐增加稠度，比如宝宝4个月以前喝的果汁是经过过滤的，而之后就可以给宝宝吃果泥了。三是从细到粗，如从青菜汁到菜泥再到碎菜，以逐渐适应宝宝的吞咽和咀嚼能力。四是从一种到多种，为宝宝增加的食物种类不要一下子太多，不能在1～2天内增加2～3种。

Chapter 3 无牙期流质辅食

苹果汁

♥ 原料

苹果1/2个。

♥ 做法

1 苹果洗净，削皮，去核，切块。
2 将苹果块放入榨汁机里，打成汁即可；或用磨泥器磨成泥后挤压出汁即可。

妈妈喂养经

苹果肉接触到空气后会发生氧化变色，故家长在喂食苹果汁时不宜将其暴露于空气中过久，否则会使维生素C遭到破坏。

生菜苹果汁

♥ 原料

生菜50克、苹果1个。

♥ 做法

1 生菜洗净，切成块，放入榨汁机中榨汁，将过滤出的生菜汁煮熟。
2 苹果洗净，去皮，切成细条。
3 将苹果条加入半杯纯净水，一起放入榨汁机中打匀，过滤出苹果汁与生菜汁混合，即可给宝宝食用。

山楂水

♥ 原料

山楂15克。

♥ 做法

1 将山楂洗净，去核，切片。
2 把山楂片放入碗内，浇上沸水加盖闷片刻即可。

玉米汁

♥ 原料

新鲜玉米1根。

♥ 做法

1 将玉米煮熟，晾凉后把玉米粒掰到器皿里。
2 用1：1的比例，将玉米粒和温开水放到榨汁机里榨成汁即可。

香瓜汁 ✎

💗 原料 • ❀ •

新鲜香瓜1/2个。

💗 做法 • ❀ •

1 将香瓜洗净，去皮，去籽，切块。
2 将香瓜块放入榨汁机中，加水搅拌榨汁，倒出来沉淀后滤渣即可喂食。

番茄汁 ✎

💗 原料 • ❀ •

番茄150克。

💗 做法 • ❀ •

1 将番茄洗净，用沸水焯烫后去皮，切碎，用清洁的双层纱布包好。
2 把番茄汁挤入小盆内，用温开水冲调即可。

妈妈喂养经

　　番茄味甘、酸，能清热止渴、养阴凉血，同时能养肝胃、清血热。

黄瓜汁 ✎

💗 原料 • ❀ •

黄瓜1/2根。

💗 做法 • ❀ •

1 将黄瓜洗净，去皮，切段。
2 将黄瓜段放入榨汁机里，打成汁即可；或用磨泥器磨成泥后挤压出汁即可。

妈妈喂养经

　　黄瓜含有丰富的维生素、水分，以及多种有益于人体的矿物质，不仅有助于宝宝营养的全面补充，还可有效地促进宝宝大脑的发育。

鲜果时蔬汁

原料

黄瓜、胡萝卜各1/2根，芒果1个。

做法

1 将黄瓜、胡萝卜分别洗净，去皮，切小块；芒果洗净，去皮取果肉。
2 榨汁机内放入少量纯净水，加黄瓜块、胡萝卜块以及芒果果肉，榨汁即可。

雪梨汁

原料

雪梨1个。

做法

1 将雪梨洗净，去皮、核，切小块。
2 将雪梨块放入榨汁机中，加入适量纯净水，榨汁即可。

葡萄汁

原料

葡萄150克、苹果1/2个。

做法

1 葡萄洗净，去皮、籽；苹果洗净，去皮，切块。
2 将葡萄、苹果块分别放入榨汁机中榨汁，然后混合即可。
3 果汁按1∶1的比例兑水后即可给宝宝食用。

妈妈喂养经

　　葡萄汁中含有丰富的维生素、烟酸，有强壮身体之效，此外葡萄汁还含有大量的天然糖、微量元素，能促进宝宝新陈代谢，对宝宝的血管和神经系统发育有益，并能预防宝宝感冒。

猕猴桃汁

原料

猕猴桃2个。

做法

猕猴桃去皮，切块，放入榨汁机中，加水搅拌榨汁即可。

小白菜汁 🍴

♥ 原料 · ❀ ·

小白菜250克。

♥ 做法 · ❀ ·

1 小白菜洗净，切段，入沸水中焯烫至九成熟。
2 将小白菜段放入榨汁机中，加纯净水榨汁，过滤后即可饮用。

妈妈喂养经

小白菜含多种营养素，营养价值较高。在1岁之前，让宝宝多接触、尝试几种蔬菜，还可以防止其日后挑食。

莲藕汤 🍴

♥ 原料 · ❀ ·

莲藕30克、冬菇15克。

♥ 做法 · ❀ ·

1 莲藕去皮，洗净，切成片；冬菇放入温水中泡发，捞出，去蒂，洗净，切成片。
2 锅置火上，加入适量清水，放入藕片、冬菇片，大火煮沸，取汤给宝宝喝即可。

绿豆汤 🍴

♥ 原料 · ❀ ·

绿豆20克。

♥ 做法 · ❀ ·

1 绿豆洗净备用。
2 锅里加入适量清水，然后倒入绿豆，大火煮沸，转小火再煮20分钟左右，过滤取汤汁即可。

大米汤 🍴

♥ 原料 · ❀ ·

大米100克。

♥ 做法 · ❀ ·

1 大米淘好后，加清水用大火煮沸，转小火慢慢熬成粥。
2 粥好后，放3分钟，用勺子舀取上面不含米粒的米汤，放温即可喂食。

Part 2

宝宝断奶早期

（5～6个月）

Chapter 1 宝宝身心发育监测

5个月宝宝身体发育水平

宝宝这个时期的体重增加不如以前，生长速度也不如以前快，出现了平缓增长的趋势。

● 身高

5个月宝宝身高平均每个月可增长2.0厘米，如果宝宝身高与平均值有一些小的差异，父母不必不安。身高是个连续的动态过程，要定期进行测量，了解身高的增长速度。

● 体重

体重增长速度开始下降，4个月以前，宝宝每个月平均体重增加900～1250克，从第4个月开始，平均每个月增加450～750克。

● 头围

头围的增长速度也开始放缓，平均每个月可增长1.0厘米。头围的增长也存在着个体差异，宝宝头围增长是呈规律性逐渐上升的趋势，有正常增长值，也有差异的正常范围。

爸爸妈妈要定期测量宝宝的头围，可及时发现头围异常。如果头围过小，要观察宝宝是否有智力发育迟缓的症状；如果头围过大，应排除是否有脑积水、佝偻病等。

● 囟门

这个月宝宝的囟门可能会有所减小了，也可能没有什么变化。如果宝宝发热，囟门会膨隆，或跳动得比较明显，这也很正常。但如果宝宝高热，囟门异常隆起，宝宝精神也不好，或出现呕吐等症状，要及时看医生。

5个月宝宝动作发育水平

俯卧时，头与胸抬得很高。仰卧时，可抬起头部与肩膀，可拉脚至嘴边，吸吮大脚趾。仰卧时，四肢伸展。俯卧时，会如飞机状摇摆、四肢伸展、背部挺起和弯曲，可从俯卧翻转成仰卧。俯卧时，双手用力推，膝盖向前缩起，能以摇摆、翻滚、扭动身躯来移动身子。

宝宝很容易就可让大人拉着站起来。被人从腋窝抱住时会站，而且身体上下动、两脚轮流踏，甚至还可以蹦跳两下。

有人支持时，可坐很久，背脊坚挺。坐着或被扛着坐起来时，头部保持挺直。被拉起时，头和躯干可向前弯，脚可缩至肚子。坐着时，手可抓握物品。在精细动作上，常以拇指与食指抓物，手掌稍微翻转。若将摇铃放在宝宝的手上，宝宝会握住玩耍。

5个月宝宝语言发育水平

现在宝宝会主动发出母音，如"啊、咦"，以及几个近似元音的声音，还会对自己、对玩具"说话"，有可能这是利用一些儿语来吸引人的注意。宝宝还会专心注视别人说话的嘴部，并模仿别人的嘴部动作并试验发声，甚至会模仿声调变化。开始了解"名字"的含义。

5个月宝宝感觉发育水平

● 视觉

宝宝的眼里，已流露出见到妈妈爸爸时的亲密神情。

● 听觉

对悦耳的声音和嘈杂的噪声已能做出不同反应。

5个月宝宝心智发育水平

5个月的宝宝会转头四望，头可自由转动寻找声音来源或追踪物体。眼睛会配合手抓握并操弄物品。在物体附近举起手来，视线在手与物体间来回移动，手慢慢伸近物体后抓握。想抓一物品时，两手从身体两侧合向中间，有时仍握拳。双手可能在物品的下方、上方或前方重合。想要摸触、拿握、转动、摇晃、品尝物品。视线喜欢搜寻快速移动的物体以及视线移开后所看到的物品。手能挥动移开挡住视线的小型障碍物。认得平日熟悉的物品。

6个月宝宝身体发育水平

宝宝此时身体发育呈减缓趋势，但总体还是稳步增长。

身高

身高平均增长2.0厘米左右。户外运动对宝宝身高的增长有很大促进作用，同时，还能让宝宝沐浴阳光，促进钙质吸收使骨骼强壮，促进宝宝的智能发育。

体重

体重可以增长450～750克。食量大、食欲好的宝宝，体重增长可能比上个月还大。如果每天体重增长超过30克，或10天体重增长超过了300克，就应该适当减少牛乳量。

头围

头围可增长1.0厘米。头围的增长从外观难以看出，增长的数值也不大，头围的大小也不是所有的宝宝都一样的，存在着个体差异。

囟门

前囟尚未闭合，为0.5～1.5厘米。新手父母会担心，前囟闭合过早会影响大脑发育。妈妈的这种担心也是有一定道理的，但大多数情况是宝宝前囟小所造成的一种假象。前囟小，并不等于闭合；前囟小，也不能证明就会提前闭合。有的宝宝生下来前囟就不大，在整个发育过程中，前囟的变化也不大，大多数是在1岁以后才开始逐渐闭合的。如果是小头畸形、狭颅症或石骨症等疾病，除了囟门小、闭合早外，还会有头围小、骨缝闭合、重叠、智能发育落后等表现。

6个月宝宝动作发育水平

在大动作上，头部转动自如。俯卧时，双腿抬伸颇高，并可向各个方向翻、转，可由仰卧翻身为俯卧。可以用双手、双膝支起身体，四肢伸展以使身体向前跃或向后退。蠕行——肚子贴地，支撑着向前或向后爬。需有人支持才能站立。稍予支持即能坐，平衡良好，可向前或两边倾。坐在椅子上时，可抓晃动的物品。能上下蹦跳，可以短暂独坐。从俯卧翻身时，能侧身弯曲至半坐的姿势。

在精细动作上，能握住奶瓶，同时可转动手腕，将物品拿在手中转，还可以用单只手臂伸向物品。

6个月宝宝语言发育水平

6个月的宝宝，仍然不会说话，但对语音的感知更加清晰，发音变得

主动，会不自觉地发出一些不很清晰的语音，会无意识地叫"mama""baba""dada"。

现在的宝宝，只要不是在睡觉，嘴里就一刻不停地"说着"，尽管爸爸妈妈听不懂宝宝在说什么，但还是能够感觉出宝宝所表达的意思。如宝宝会一边摆弄着手里的玩具，一边嘴里发出"喀……哒……妈"等声音，好像自己跟自己在说着什么。爸爸妈妈拿着小布熊逗宝宝玩，宝宝会拍着小手，嘴里还"哦""哦"地叫着，对小布熊表现出极大的兴趣。妈妈拍着手叫宝宝的名字，宝宝也会张着自己的小手，嘴里"啊""喔"地叫着，似乎在应和着妈妈。当爸爸问宝宝"妈妈在哪里？"时，宝宝就会朝妈妈看，脸上露出欣喜的样子。这一切都说明，宝宝的语言能力有了很大的提高。

🐰 6个月宝宝心智发育水平

宝宝6个月大的时候，对周围的事物有了自己的观察力和理解力，似乎也会看大人的脸色了。宝宝对外人亲切的微笑和话语也能报以微笑，看到严肃的表情时，就会不安地扎在妈妈的怀里不敢看。听到别人在谈话中提到他（她）的名字，就会把头转向谈话者。当妈妈两手一拍，伸向宝宝时，宝宝就知道妈妈是想抱他（她），也就欢快地张开自己的胳膊。当妈妈拿起奶瓶朝宝宝晃晃，宝宝就知道妈妈要喂奶，于是就迫不及待地张开小嘴。有时妈妈假装板起脸呵斥，宝宝的神情也会大变甚至不安或哭闹。对一些经常反复使用的词语，比如"妈妈""爸爸""吃奶"和"上床睡觉"等等，宝宝也能理解。

宝宝营养与照护要点

Chapter 2

添加辅食应符合宝宝实际需要

宝宝是否需要吃辅食？关键是要从宝宝的实际需要，而不是只根据月龄来做决定。如果宝宝出现以下情况，就可考虑添加辅食。

看体重

体重已达到出生时体重的2倍，通常为6千克。如果宝宝出生时体重为3.5千克，则要到7千克再添加辅食。出生体重2.5千克以下的低体重儿，添加辅助食品时，体重也应达到6千克。

看吃奶量和喂奶后的表现

即使每天喂奶为8～10次，或一天吃配方奶达1 000毫升，宝宝仍有饥饿感或有很强的求食欲，这表明宝宝营养需要在增加，可以给他适当添加辅食。

看动作发育

宝宝能扶着坐，俯卧时抬头挺胸，能用双肘支持其重量。在感觉方面，宝宝开始有目的地或喜欢将手和玩具放在口内。

看宝宝对食物的反应

别人吃东西时宝宝会饶有兴趣地观看，眼睛盯着食物从盘子到嘴里的过程。当小匙碰到宝宝口唇时，宝宝表现出吸吮动作，能将食物向后送，并吞咽下去。当宝宝的嘴触及食物或喂食者的手时，表示出笑容并张口，说明宝宝有进食愿望。相反，如果试喂食时，宝宝头或躯体转向另侧，或闭口拒食，则提示可能添加辅食还为时过早。

宝宝辅食的营养标准

在给宝宝添加辅食的同时也要注意辅食的营养，以保证宝宝的饮食营养均衡，宝宝辅食的营养必须达到以下标准：

必须含有维生素和矿物质，特别是保持正常身体功能所需的维生素类及铁和钙等。这类辅助食材主要包括蔬菜、水果、菇类等。

必须含有碳水化合物，这是为身体提供热量的主要来源。这类辅助食材主要包括米、面包、面类等淀粉类及芋类等。

必须含有蛋白质，特别是要含有身体成长所需的必要蛋白质。这类辅助食材主要包括肉、鱼、蛋、乳制品、大豆制品等。

宝宝辅食的种类

这个月的宝宝消化酶分泌逐渐完善，已经能够消化除乳类以外的一些食物了。为补充宝宝乳类营养成分的不足，满足其生长发育的需要，并锻炼宝宝的咀嚼功能，为日后的断奶做准备，5个月的宝宝可以添加以下辅食了。其辅食种类有：

半流质食物 如米糊或蛋奶羹等，可促进宝宝消化酶的分泌，锻炼宝宝咀嚼、吞咽能力。

蛋黄 蛋黄含铁高，可以补充铁剂，预防宝宝发生缺铁性贫血。给宝宝喂蛋黄，开始时先喂1/4个为宜，可用米汤或牛奶调成糊状，用小勺喂食1～2周后增加到1/2个。

水果泥 将苹果、桃或香蕉等水果，用匙刮成泥状喂宝宝，先由一小勺逐渐增至一大勺。

蔬菜泥 可将土豆、南瓜或胡萝卜等蔬菜，经蒸煮，熟透后刮泥给宝宝喂服，由一小勺逐渐增至一大勺。

鱼类 如平鱼、黄鱼、马鱼等，此类鱼肉多、刺少，便于制作成肉末。鱼肉含磷脂、蛋白质很高，并且细嫩易消化，适合宝宝发育的营养需要。但一定要选购新鲜的鱼。

辅食的喂养方法

给5个月的宝宝喂辅助食品，爸爸妈妈一定要耐心、细致，要根据宝宝的具体情况加以调剂和喂养。除了要按照由少到多、由稀到稠、由细到粗、由软到硬、由淡到浓的原则外，还要根据季节和宝宝的身体状况来添加。

如发现宝宝大便不正常，要暂停增加，待恢复正常后再增加。另外，在炎热的夏季和宝宝身体不好的情况下，不要添加辅食，以免宝宝产生不适。要想让宝宝能够顺利地吃辅食，也有一个技巧，就是在宝宝吃奶前、饥饿时添加，这样宝宝就比较容易接受。另外，还要特别注意卫生，宝宝的餐具要固定专用，除注意认真洗刷外，还要每天消毒。喂饭时，爸爸妈妈不要用嘴边吹边喂，更不要先在自己嘴里咀嚼后再吐喂给宝宝，这很容易把疾病传染给宝宝。喂辅食时，要锻炼宝宝逐步适应使用餐具，为以后独立用餐具做准备。不要怕宝宝把衣服等弄脏，让宝宝手里拿着小勺，妈妈比划着教宝宝用，慢慢地宝宝就会自己使用小勺了。

喂养5~6个月宝宝注意事项

父母在养育宝宝的过程中，有些喂养知识需要了解，一定要知道宝宝饮食方面的禁区，否则会给宝宝的身体带来不必要的伤害。

● **不宜给宝宝吃的辅食**

在5~6个月，不宜给宝宝吃颗粒状食品，如花生仁、爆米花、大豆等，避免宝宝颗粒状食品吸入气管，造成危险；不宜给宝宝吃带骨的肉、带刺的鱼，以防骨刺卡住宝宝的嗓子；不宜给宝宝吃不容易消化吸收的食物，如竹笋、生萝卜、红薯、糯米等。

● **不要用水果代替蔬菜**

水果维生素含量不少，其功用是相当大的。但从矿物质含量来说就不如蔬菜。矿物质包含许多元素，它们对人体各部分的构成和机能具有重要作用，像钙和磷是构成骨骼和牙齿的关键物质；铁是构成血红蛋白、肌红蛋白和细胞色素的主要成分，是负责将氧气输送到人体各部位去的血红蛋白的必要成分；铜有催化血红蛋白合成的功能；碘则在甲状腺功能中发挥着必不可少的作用。

因此，爸爸妈妈不要认为，已经给宝宝喂了水果了，就用水果代替蔬菜好了，这是不科学和不可取的。因为两者不能相互代替。

● **慎重对待市场上的婴儿辅食**

市场上有很多婴儿吃的小罐头、鸡肉松、鱼肉松等都是半成品销售。给宝宝喂食这些半成品，并不是最好的选择，妈妈自己做辅食，才是最佳选择。

● **添加的辅食要新鲜、卫生、口味好**

妈妈在给宝宝制作食物时，不要只注重营养，而忽视了口味，这样不仅会影响宝宝的味觉发育，也为日后宝宝挑食埋下隐患，还可能使宝宝对辅食产生厌恶，从而影响营养的摄取。辅食应该以天然清淡为原则，制作的原料一定要鲜嫩，可稍添加一点儿盐或糖，但不可添加味精和人工色素等，以免增加宝宝肾脏的负担。

 辅食莫以米面为主

母乳喂养的宝宝不易发生肥胖。但开始添加辅食后，如果在量上不加限制，宝宝很快就会变得胖起来。添加辅食后，如果宝宝每天体重增长超过了20克，或10天体重增长200克以上，要考虑辅食品种和量是否有问题。

如果宝宝特别喜欢吃辅食，要以肉、蛋、果汁、汤类为主，不要以米面为主。主食上尽量让宝宝吃母乳，辅食则多吃水果和蔬菜。

 警惕宝宝食物过敏

未满周岁的宝宝易出现食物过敏，因此妈妈在给宝宝增加新的辅食品种时，一定要把每种食物都分开添加，以免分辨不清导致宝宝过敏的原因。

在添加每种新食物时，要注意观察宝宝有没有过敏反应，如腹泻、呕吐、皮疹等，一旦出现这些症状，要马上停止喂这种食物。

辅食不要加盐

6个月以内的宝宝辅食中不要加盐。由于宝宝肾功能尚未发育成熟，不能像成人那样浓缩尿液以排出大量溶质。若吃的辅食太咸，会使血液中溶质含量增加，肾脏为排出过多的溶质，需汇集体内大量水分来增加尿量。这样，不仅会加重肾脏负担，还会导致身体缺水。另外，宝宝长期吃过咸的辅食，体内钠的含量增加，会影响钾在体内的分布，致使机体内钠、钾比例失调，发生新陈代谢紊乱。因此，宝宝的辅食应以清淡为宜。

宝宝何时需要补充水分

对于纯母乳喂养的宝宝，根据按需喂养的原则，在宝宝出生后4个月以内，一般不需要另外加喂水分，必要时也可以在两次哺乳之间少量喂一些温开水；4个月以后随着辅食（如果汁、菜汁）等的添加，相应地补充水分，因此没有必要再过多地补充水分。但对于人工喂养的宝宝，则必须经常喂水。这是由于牛奶中的蛋白质和矿物质含量较高，多余的矿物质和营养成分不能被宝宝吸收，需要通过肾脏排出体外。但是宝宝的肾脏功能还没有发育完全，如果没有给予足够的水分，体内多余的物质就无法顺利地排出体外。因此，对于人工喂养的宝宝，需要除奶液外加喂充足的水分。如果环境温度较高、宝宝体温上升或患其他疾病时，也需要及时补充足够的水分。

Chapter 3 吞咽期断奶辅食

牛奶香蕉糊 🍴

♥ 原料

香蕉40克、奶粉20克、玉米面10克。

♥ 做法

1 香蕉去皮，用勺捣碎。
2 奶粉加入玉米面，加适量清水边煮边搅匀，煮好后倒入香蕉泥调匀即可。

妈妈喂养经

　　此糊香甜适口，奶香味浓，富含蛋白质、碳水化合物、钙、磷、铁、锌及维生素C等多种营养素。

麦糊 🍴

♥ 原料

燕麦片60克、鸡蛋1个；奶粉20克。

♥ 做法

1 将奶粉放入碗内，倒入适量凉开水，搅拌均匀，再打入鸡蛋搅拌均匀。
2 锅置火上，倒入适量清水煮沸，放入调好的蛋液、燕麦片搅匀，用中火煮4分钟，成糊即可。

青菜糊 🍴

♥ 原料

米粉100克、青菜2棵；高汤适量。

♥ 做法

1 米粉用水调好，加适量高汤，熬煮30分钟左右。
2 将青菜洗净，放入沸水锅内煮软，捞出沥干，切碎，加入煮好的米粉中，拌匀即可。

妈妈喂养经

　　米粉的主要营养成分碳水化合物，是非常适合宝宝的主食，再加上青菜，补充了宝宝成长需要的膳食纤维、矿物质和维生素。

鱼肉泥

♥ 原料

鱼肉50克。

♥ 做法

1 将鱼肉洗净，放入沸水锅中焯烫，剥去鱼皮。

2 将鱼肉捣碎，然后用干净的纱布包起来，挤去水分，备用。

3 将鱼肉放入锅内，再加入适量沸水，大火熬10分钟至鱼肉软烂即可。

蛋黄泥

♥ 原料

鸡蛋1个。

♥ 做法

1 将鸡蛋放入沸水中煮熟，剥壳，取出1/4蛋黄，用汤勺压碎成泥。

2 将蛋黄泥溶解于少许温水中，搅拌均匀即可。

妈妈喂养经

　　根据宝宝的消化力及营养需要，添加辅食应逐渐增加品种。先试一种，待3~4天或1周宝宝适应后，再添加另外一种。量由少到多，由淡到浓。如果遇到天气太热，宝宝易患消化不良，可暂缓添加新食品，待天凉再逐渐添加。

红枣蛋黄泥

♥ 原料

红枣20克、鸡蛋1个。

♥ 做法

1 红枣洗净，放入沸水中煮20分钟至熟，去皮、核后，剔出红枣肉，用勺背压成泥状。

2 鸡蛋煮熟，取1/4个蛋黄，用勺背压成泥状，加入红枣肉搅拌后即可。

小米粥

♥ 原料

小米30克。

♥ 做法

1 将小米淘洗干净。

2 锅置火上，把洗净的小米和适量清水放入锅内，用大火煮沸，再转小火煮25分钟，将粥熬至黏稠即可。

妈妈喂养经

　　宝宝5个月左右添加粥，添加辅食可与喂奶时间合并在一起，可先吃辅食后吃奶。但添加辅食的时候，奶量不要减少得太多太快。

牛奶粥

♥ 原　料

奶粉20克、大米30克。

♥ 做　法

1 将大米淘洗干净，加适量清水，大火煮沸后，转小火熬成粥。

2 加入奶粉搅拌，充分溶解即可。

蛋黄粥

♥ 原　料

熟蛋黄1/4个、大米50克。

♥ 做　法

1 将大米淘洗干净，加水煮成粥。

2 将蛋黄捣碎，放入粥里，煮沸即可。

妈 妈 喂 养 经

蛋黄中脂肪和胆固醇的含量较高，无机盐、钙、磷、铁和维生素也较集中，是婴幼儿发育必需元素的很好来源。它还含较多维生素A、维生素D和维生素B_2，可预防宝宝患夜盲症。

香蕉粥

♥ 原　料

香蕉50克；奶粉20克。

♥ 做　法

1 香蕉去皮后，用勺子背面压成糊状。

2 把香蕉糊放入锅内，加入奶粉和适量温水混合均匀。

3 锅置火上，倒入香蕉牛奶糊，边煮边搅拌，5分钟后停火即可。

饼干粥

♥ 原　料

大米15克、婴儿专用饼干2片。

♥ 做　法

1 大米淘洗干净，放入清水中浸泡1小时。

2 锅置火上，放入大米和适量清水，大火煮沸，转小火熬成稀粥。

3 把饼干捣碎，放入粥中稍煮片刻即可。

妈 妈 喂 养 经

可以用牛奶代替大米粥，放入饼干拌成糊状。

芹菜米粉汤 🍴

❤ 原 料

芹菜50克、米粉30克。

❤ 做 法

1 芹菜洗净，切碎；米粉泡软待用。
2 汤锅内加水煮沸，放入芹菜碎和米粉，焖煮3分钟左右即可。

妈妈喂养经

　　米粉含有丰富的碳水化合物、维生素、矿物质等，易于消化，适合给宝宝当主食。芹菜内含丰富的维生素、纤维素，是宝宝摄取植物纤维的好来源。

水果藕粉 🍴

❤ 原 料

藕粉30克、桃1个。

❤ 做 法

1 藕粉用水调匀；桃洗净，去皮，切成极细的末备用。
2 将调好的藕粉倒入锅内，用小火慢慢熬煮，边熬边搅拌，直到熬透明为止，最后加入切碎的桃末，稍煮即可。

妈妈喂养经

　　水果中含有葡萄糖、果糖、蔗糖，易被人体吸收；水果中的有机酸可促进消化，增进食欲；水果中含有的果胶（一种可溶性膳食纤维），能预防宝宝便秘；水果还能帮助宝宝补充丰富的维生素C。

蔬菜牛奶羹 🍴

❤ 原 料

西蓝花、芥菜、奶粉各20克。

❤ 做 法

1 西蓝花和芥菜分别洗净，切成小块，放入榨汁机中榨汁。
2 取洁净的奶锅一只，将奶粉与榨出来的蔬菜汁混合倒入，加适量水，煮沸后即可。

牛奶藕粉 🍴

❤ 原 料

藕粉30克；奶粉20克。

❤ 做 法

将藕粉、奶粉和适量水调浆后一起放入锅内，均匀混合后用小火煮，搅至透明糊状为止。

Part 3

（7~8个月）

宝宝断奶中期

Chapter 1　宝宝身心发育监测

🐰 7个月宝宝身体发育水平

宝宝这个时期虽然身体发育呈现减缓趋势，但总体还是稳步增长。

● 身高

这个月宝宝身高平均增长2.0厘米。但这只是平均值，实际可能会有差异。

● 体重

这个月宝宝体重平均增长450~750克，这是平均值。体重与身高相比，有更大的波动性，受喂养因素影响比较大。如果这个月宝宝不太爱吃东西或有病了，体重都会受到较大的影响。如果这个月宝宝很爱吃东西，对添加的辅食很喜欢吃，奶量也不减少，宝宝可能会有较大的体重增长。

● 头围

这个月宝宝头围平均增长1.0厘米。对于头围来说，1.0厘米的增长测量起来可能比较不出太大的差别，必须是比较精确的测量。父母不要简单测量一下，就对其结果进行判断，这会带来无谓的烦恼。

● 囟门

一般情况下，7个月的宝宝前囟还没闭合，而且前囟也不会很大。一般是在0.5~1.5厘米。极个别的已经出现膜性闭合，就是外观检查似乎闭合了，但实际上经X线检查并没有真正闭合。遇到这种情况的父母会很着急，怕囟门过早闭合影响宝宝大脑发育。但为此给宝宝照射X线也是不好的。如果宝宝头围发育是正常的，也没有其他异常体征和症状，可动态观察，监测头围增长情况。如果头围正常增长，就不必着急，这可能仅仅是膜性闭合，不是真正的囟门闭合。

7个月宝宝动作发育水平

这个月宝宝能够稳稳当当地坐着，而且头部平衡得很好。他能在摆出俯卧撑姿势的同时，可以一只手离开地面把体重全放在另一只手臂上。已能双手双膝撑起身体、前后摇动。一手或双手握物，同时一面向前蠕动，可能会爬了，也可能仰躺，以抬高、放落臀部来移动身体，或侧坐在弯曲的腿上，以左手右脚、右手左脚的方式前进。被拉着站起来时，能够用肌肉的力量让双腿伸直，不再打晃。所以如果你让他站在你的腿上，他能够稳定地负担起自己的体重，可以由仰着的姿势翻成趴着的姿势。通过不停地弯曲、伸直脚踝、膝盖和臀部来上下跳跃。这时宝宝很喜欢独坐的感觉且能保持平衡。坐时你双手放开不需扶他，可以侧身用双臂撑着坐起来，或以爬行的姿势将两腿前伸而独立坐起。

在精细动作方面，手的操作能力更加灵活。有时两只手可以同时运用，比如妈妈在宝宝面前放两块小积木，宝宝会伸出两只小手，同时抓起小积木，甚至还会双手配合，一张一合地拍打起小积木来。如果妈妈端来一碗菜粥，宝宝也会抓过小勺，"笨拙"地往自己嘴里送，尽管糊得到处都是，妈妈也不要制止，因为这样做可以使宝宝得到锻炼，等过一段时间，宝宝就可以自己用小勺吃东西了。

7个月宝宝语言发育水平

宝宝已经开始真正试验性地自言自语或者和你说话了。他们对自己发出的一堆音调高低不同的声音很感兴趣。同时对你在和他接触时所发出的一些简单声音会有反应动作。宝宝会试图模仿你发出的声音。此时有一半以上的宝宝已经能发出"爸爸""妈妈"等音节。开始时他并不知道是什么意思，但当他意识到父母听到叫"爸爸""妈妈"就会很高兴时，宝宝就渐渐开始了有意识地叫，这标志着宝宝已经步入了学习语音的敏感期。父母们要敏锐地捕捉住这一教育契机，每天在宝宝愉快的时候，给他念故事书、儿歌、绕口令等。

7个月宝宝感觉发育水平

7个月的宝宝对周围的环境产生了很大的兴趣，能注意到周围更多的人和物，而且还会做出不同的表情，会对自己感兴趣的事物和颜色鲜艳的玩具特别关注。所以，父母们要充分利用这一点，多让宝宝看一看，以扩大他的认知范围。

8个月宝宝身体发育水平

进入8个月后，宝宝的身体发育趋于稳定，爸爸妈妈开始将关注的重心转移到能力发展上面来了。

●身高

第8个月宝宝身高平均增加1.5厘米左右。男宝宝的身高平均为65.7~76.3厘米，女宝宝的身高平均为63.7~74.5厘米。

●体重

第8个月宝宝体重增长0.5千克左右。男宝宝体重平均为6.9~10.8千克，女宝宝体重平均为6.3~10.1千克。

●头围

第8个月宝宝头围增加0.5~0.8厘米。到第8个月末，宝宝头围平均为42.5~44.0厘米。

●牙齿

有的宝宝可长出2~4颗牙齿，但也有少数宝宝第8个月尚未出牙，父母不要着急，可继续锻炼宝宝的咀嚼能力，有利于乳牙的萌出。

8个月宝宝动作发育水平

8个月的宝宝肚子贴地可向四方行动。会爬，开始时可能向前或向后爬；宝宝会挪动身体来接近他够不着的玩具。为此，他也许会发现自己可以用向前或向后翻身的方法接近那个玩具；也可能以坐姿，而臀部上下跳动，或站立、坐下抓握家具而前进。甚至可以双手放开，身体靠着他物而站立，或者拉着家具站立起来，但站立后需要帮忙才能坐下来。喜欢站在你的膝上——宝宝的腿已经很强壮了，可以依靠膝盖和腿部支撑体重。可以自己坐起来。从两侧以双臂撑起，或以爬姿，将一腿弯至腹部下，向前伸直，另一腿随之。能用拇指、食指与中指握住积木，拇指与食指可合作，如同小钳子般拿物，并捡拾地上的小东西及线。手拿着摇铃至少可摇3分钟，手指会极力伸张地伸向玩具，且集中全部注意力。

8个月宝宝语言发育水平

8个月的宝宝与人玩或独处时会自然地发出各种声音，主要是娱乐自己。如果看见某种动物的照片或者在路上看见猫、狗，很容易就模仿出它的叫声。牙牙学语时会模仿大人的语调，会大叫，感到满意时会发声。已经开始把音节组合在一起（在这方面男宝宝要比女

宝宝晚些），"爸"变成了"爸爸"，"妈"变成了"妈妈"等。

开始模仿嘴与下巴的动作，会使用两个音节的音，还能以物品的声音称呼它，例如"呜呜"的火车声。通常会对附近熟悉的声音有反应（转头或转身），如他的名字、电话铃声等。

对熟悉的几个字会特别注意听，也开始听得懂一些。

 ## 8个月宝宝感觉发育水平

此阶段的宝宝们对于话语的了解，兴趣一周比一周浓厚了。由于你的小宝宝现在日渐变得通达人情，好像你初交不久的朋友一般，所以，你会开始觉得有了一位伴侣。当他首次了解话语的时候，他在这段时间内的行为会顺从。慢慢地，你叫他的名字他就会做出反应；你要他给你一个飞吻，他会遵照你的要求表演一次飞吻；你叫他不要做某件事情，或把物体拿回去，他都会照你的吩咐去办。不过，在这个时候还不能期望你的小宝宝和你说话，因为不足1岁的

宝宝还不会说话，即使会说话，字数也太少。

8个月宝宝心智发育水平

8个月的宝宝看见熟人会用笑来表示认识他们，看见亲人或看护他的人便要求抱，如果把他喜欢的玩具拿走，他会哭闹。对新鲜的事情会惊奇和兴奋，从镜子里看见自己，会绕到镜子后边去寻找。

8个月的宝宝能够通过接触记住一些反义词（冷／热，软／硬）。如果它们是日常生活中常用到的，能够理解一些短语的含义。因此，当你们来到浴室，他就知道"该洗澡了"。

8个月的宝宝知道"不"的意思是停、不行、别碰。常有怯生感，怕与父母分开，这是宝宝正常心理的表现，说明宝宝对亲人、熟人与生人能敏锐地分辨。因而怯生标志着父母与宝宝之间依恋的开始，也说明此阶段宝宝需要建立情感、性格和能力。

Chapter 2 宝宝营养与照护要点

给宝宝断奶要逐步过渡

父母要为宝宝断奶做好充分的准备：3个月前，先学会用奶瓶喝水或果汁、菜汁；4～5个月时学会从小勺中吃半流质的辅食，譬如奶糕、菜泥等；7～8个月时可逐步添加一些固体食物，如蛋糕、碎菜、肝泥、肉末等。可以根据宝宝吃辅食的情况及身体状况来决定断奶的时间。

只有采取有计划、按月添加辅食、从少到多、逐步减少吃奶次数、增加辅食次数和量的办法，才能使宝宝乐于接受。这样既符合宝宝的心理，又能使宝宝的胃肠消化功能逐渐适应，保证他的正常生长发育。

在断奶的过程中，如果宝宝不愿吃其他食物，也不要硬喂。多让宝宝尝试几次，食物种类也可以多一些，要耐心等着宝宝习惯吃其他食物后再断奶。断奶后，宝宝的饮食应以碎、软、烂为原则，喂以营养丰富、细软、易消化的食物，切忌给宝宝吃辛辣食物。另外，有些宝宝在不需断奶时毫无理由地突然拒绝母乳，妈妈便以为是宝宝自动断奶，其实并非如此。一般自动断奶的宝宝都在1岁以上。7～8个月的宝宝如果排斥母乳，则可能是因为此时宝宝的生长速度减缓下来，对营养物质的需求也相应减少。通常持续1周左右，食欲又会逐渐好转，奶量恢复正常。

因此，真正会自动断奶的宝宝应该在1岁以上，这时候宝宝可以吃许多固体食物了，摄取的营养充分，而且每天的配方奶量也多大于400毫升，断奶不会影响到宝宝的发育。妈妈一定不要轻易做出断奶的决定。吃惯母乳的宝宝，不仅把母乳作为食物充饥，而且对母乳有种特殊的感情，因为它给宝宝带来信任和安全感。所以，断奶不是说断就能断掉的，更不可采用仓促及生硬的方法。

顺利断奶的方法

宝宝晚上会对妈妈非常依恋，需要从吃奶中获得慰藉，对于习惯于晚上必吃母乳的宝宝来说，妈妈避开不与宝宝同睡，改由爸爸哄宝宝睡觉，对断奶会有帮助。

如果准备给宝宝断奶，可以先将白天的奶断掉，再慢慢停止夜间喂奶，循序渐进，直至过渡到完全断奶。

如果妈妈不上班，那么可以选择逐渐减少每天喂奶的次数，同时增加宝宝每天喝奶粉的次数和量，慢慢断掉宝宝临睡前和夜里的母乳。

断奶应选择让人感觉舒适的时节，如春季或秋季。这时，生活方式和习惯的改变对宝宝的冲击较小。如果天气太热，宝宝本来就很难受，断奶会让他大哭大闹，还可能会因肠胃对食物的不适导致呕吐或腹泻；如果天太冷时，则会使宝宝睡眠不安，容易引起上呼吸道感染。若是宝宝的断奶月龄正逢此时，最好延迟一下。

断奶期间一定要注意宝宝营养的均衡。宝宝生长发育很快，对营养的需求量也大，如果不注意喂养方法而突然断奶，宝宝会不习惯。若宝宝营养摄入不足，就很容易引起营养不良以及消化功能紊乱。应逐渐减少母乳喂量，同时培养宝宝用勺和小碗吃食物，并注意所吃食物的种类和软硬程度。

🐰 断奶后的辅食添加

爸爸妈妈要注意断奶后添加辅食中的一些注意事项。

● 注意添加新食品

刚开始断奶的时候，先喂给宝宝一种食品比较好。从1勺开始，经过3～4天增加至3～4大勺。在第2至第7天期间，主要观察有无发疹、呕吐、腹泻的情况，如果没有，则可改加下一种食品。

● 让宝宝坐好再喂

要从小训练宝宝养成良好的饮食习惯。喂饭的时候，可以让宝宝坐在宝宝车或者椅子上。因为如果妈妈抱着宝宝的话，妈妈只有一只手能自由活动，若宝宝不老实的话，就很容易把碗或勺子打翻。也可以找个系带子的座位把宝宝放在上边固定好，选择固定的位置固定好喂食，这样可以让宝宝吃饭时不散漫。

● 根据食量现吃现做

一次做很多然后分几天喂不是一个好的方法。烹饪的食品在冰箱放两天以上就不能吃了，而且冷冻后的食品味道也会发生变化，蔬菜粥比水果更容易变质，只可以存放1天，水果可以存放3天。

● 食品都要煮熟了再喂

用小火慢慢煮的食品，很多时候看上去熟了，但事实上却不能吃。6～8个月的宝宝吃煮后的水果（香蕉除外）比较安全。

● 注意宝宝的口味

有很多断奶食品是可在家庭内自制的，如菜汁、米汤、烂粥、干果泥、肉粥、蛋羹等。婴幼儿食品应为温和单纯的味道，不宜用成人的口味和喜好来判别，要从食品的质量和宝宝的营养需要出发，在家自己做的"妈妈牌"断奶食品是最好的。

● 注意宝宝的大便变化

宝宝开始吃断奶食品的时候，大便会发生变化，变得干硬或者是发生腹泻，而且粪便会发出怪怪的味道。吃的东西不同，粪便自然有变化，但刚开始时却会让很多妈妈手足失措。看见宝宝腹泻或者粪便中混杂着吃过的东西时，是不是要缓一缓再喂断奶食品？很多妈妈都为此苦恼。其实，这是宝宝对母乳和奶粉以外的食品不能适应的表现。只要宝宝没有呕吐或发烧等异常现象，状态良好，就可以继续喂下去。

让宝宝正确摄入脂肪

脂肪是宝宝不可缺少的营养素。脂肪的主要功能是为宝宝供给热能，对宝宝来说，30%～35%的热能靠脂肪供给。脂肪可以促进脂溶性维生素的吸收，具有保暖和保护作用，同时还增进食物的口味。烹调时使用脂肪可促进食欲，并可延长食物在胃中停留的时间，起到明显的耐饥作用。那么，怎样给宝宝正确地补充脂肪呢？

● 制订合理的食谱

在为宝宝制订食谱时，应根据宝宝的需要量供给，不宜过多，也不宜过少。供给脂肪过多，会增加宝宝肠道的负担，容易引起消化不良、腹泻、厌食；供给脂肪过少，宝宝体重不增，易患脂溶性维生素缺乏症，如维生素A缺乏后的夜盲症、维生素D缺乏后的佝偻病等。

● 摄入含不饱和脂肪酸的食物

脂肪的来源可分为动物性脂肪与植物性脂肪两种。动物性脂肪包括猪油、牛油、羊油，以及肥肉、奶油等，虽是脂溶性维生素，但其不饱和脂肪酸的含量较少，不易消化。植物性脂肪的不饱和脂肪酸含量较多，是必需脂肪酸的很好来源，而且容易消化吸收。因此，在调配宝宝膳食时，应该多选择含不饱和脂肪酸较多的植物脂肪。

7个月以后，应逐渐增加辅食。给宝宝的辅食要以植物油制作，并适当添加蛋类、鱼类及瘦肉等优质动物性食品，因为这些食物脂肪含量低，不饱和脂肪酸含量较多。

8个月辅食添加方法

在给宝宝添加辅食时，可以参照以下方法：

可由半只蛋羹过渡到整只蛋羹。

每天喂稠粥2次，每次1小碗（6～7汤匙）。一开始，粥里加上2～3汤匙菜

泥，逐渐增至3~4汤匙。粥里可加上少许肉末、鱼肉、肉松，但不可一次全部加入。

开始让宝宝随意啃馒头片（1/2片）或饼干，以促进其牙齿的发育。

母乳或其他乳品每天喂2~3次，但必须先喂辅助食品，然后喂奶。

宝宝辅食要多样化

7~10个月的宝宝以吃奶为主，到1岁左右应以吃饭为主。7~12个月是宝宝饮食的过渡时间，我们也把这个时期称为"宝宝断奶期"。宝宝断奶期的辅助食品可分为四大类，即谷类、动物性食品及豆类、蔬菜水果类、油脂和碳水化合物。

● 谷 类

谷类食物是最容易为宝宝接受和消化的食物，所以添加辅食时也多先从谷类食物开始，如粥、米糊、汤面等。宝宝长到7~8个月时，牙齿开始萌出，这时可给宝宝一些饼干、烤馒头片、烤面包片吃，帮助宝宝磨牙，促进其牙齿生长。

● 动物性食品及豆类

动物性食物主要指鸡蛋、肉、鱼、奶等，豆类指豆腐和豆制品，这些食物含蛋白质丰富，也是宝宝生长发育过程中所必需的。对于7~12个月的宝宝来说，母乳喂养的宝宝每天每千克体重需额外供给蛋白质2~2.5克，混合喂养、人工喂养需额外供给3.4克蛋白质。

● 蔬菜水果类

蔬菜和水果富含宝宝生长发育所需的维生素和矿物质，如胡萝卜含有较丰富的维生素D、维生素C，绿叶蔬菜含较多的B族维生素，橘子、苹果、西瓜含维生素C。对于1岁以内的宝宝，可以吃鲜果汁、蔬菜汁、菜泥、苹果泥、香蕉泥、胡萝卜泥、红心白薯泥、碎菜等食物来摄入适量的营养素。

● 油脂和碳水化合物

油脂和碳水化合物是高热能食物。宝宝胃容量小，所吃的食物量少，热能不足，所以必须摄入油脂和碳水化合物这类体积小、热能高的食物。但要注意油脂和碳水化合物的摄入不宜过量，油脂应是植物性油脂而不是动物性油脂。

泥糊状食品的添加

泥糊状食品是不可缺少的婴儿食品。妈妈可以按下列顺序为宝宝制作辅食：

菜汁、果汁→菜泥、果泥、肉泥（鱼泥、肝泥等）→菜末、肉末→碎菜、碎肉等。

米汤→稀粥、米糊→粥、烂面→稠粥、面条等。

泥糊状食品添加原则：从一种到多种，从少量到多量，从细到粗，从稀到稠，无盐无糖，忌油腻。一般初次添加的食物只能从一种少量开始，少量为1~2勺，分2~3次食入，如果宝宝都乐于接受且连续7~10天大便正常，才可逐渐加量或变换、增加品种。

一般刚添加时，可先让宝宝吃辅食后吃奶，待宝宝适应后，为不影响他吃奶的兴趣，先吃奶后再吃辅食。

在3岁之内，乳类仍是宝宝的主要食品：1岁每天奶量为700～800毫升，2岁仍应保持每天奶量为500～600毫升。换奶的过程可在6个月左右进行，要逐渐让宝宝熟悉配方奶的口味，并逐步完成从母乳到配方奶的替换。

1岁内配方奶优于鲜牛奶，它的成分更适合宝宝。

训练宝宝咀嚼能力

咀嚼能力差，对于宝宝未来的进食习惯、营养吸收以及牙齿发育都会有影响，因此，父母应从添加辅食开始，就要特别注意宝宝咀嚼能力的训练。

咀嚼的重要性

咀嚼能力需要渐进发展，但是咀嚼能力的完成，是需要舌头、口腔、牙齿、脸部肌肉、嘴唇等配合，才能顺利将口腔里的食物磨碎或咬碎，进而吃下肚子。所以，咀嚼能力是宝宝整个口腔动作长时间且经常的练习使用，才能达到良好的能力。

如果家长没有积极训练宝宝的咀嚼能力，并忽略提供各个阶段不同的辅食，等宝宝长大点了，家长就会发现宝宝因为没有良好的咀嚼能力，而无法咀嚼较粗或较硬的食物，有可能造成营养不均衡、挑食、吞咽困难等问题。

8个月宝宝咀嚼的发展状况

此时的宝宝开始长牙了，这个时期宝宝咀嚼及吞咽的能力会更进步了，他会尝试以牙床进行上下咀嚼食物的动作，而且，宝宝主动进食的欲望也会增强，有时看到别人在吃东西，他也会做出想要尝一尝的表情。

训练重点

妈妈可以提供更为多样化的辅食，并让辅食的形状更硬或更浓稠些。

提供宝宝一些需要咀嚼的食物，以培养宝宝的咀嚼能力，并能促进牙齿的萌发。

妈妈除了喂宝宝吃食物之外，如果宝宝已长牙，就给一些宝宝可以自己手拿的食物，例如水果条或小吐司。

因为长牙，宝宝可能会觉得不舒服，建议妈妈准备几个不同感觉的固齿器，除了可以让宝宝磨磨牙之外，也能帮助宝宝咀嚼能力的发展。

7个月宝宝的喂养有什么特点

宝宝长到7个月时，已经开始萌出乳牙，有了咀嚼能力，同时舌头有了搅拌食物的功能，对饮食越来越多地显示出个人的爱好，喂养上也随之有了一定的要求。

宝宝可继续吃母乳，但是因为母乳中所含的营养成分，尤其是铁、维生素、钙等已不能满足宝宝生长发育的需要，乳类食品提供的热量与宝宝日益增加的运动量不相适应，不能满足宝宝的需要。因此，无论是母乳喂养还是人工喂养的宝宝，7个月是宝宝进入断奶中期了，奶量只保留在每天500毫升左右就可以了。

添加的辅食品种要丰富多样，做到荤素搭配，还可以在辅食中添加少许盐，以增加食物的口味，但要注意一定不要让宝宝养成偏食的习惯。这个时期宝宝的牙齿开始萌出，咀嚼食物的能力逐渐增强，消化功能也逐渐增强，因此可以在粥内加入少许碎菜叶、肉末等。但要注意，在给宝宝添加碎菜、肉末时，要从少量开始逐步递增。

在出牙时期，还要继续给宝宝吃小饼干、烤馒头片等，让他练习咀嚼。

🐰 8个月宝宝的喂养有什么特点

宝宝8个月时，母亲乳汁的分泌开始减少，即使母乳的分泌不减少，乳汁的质量也开始下降，这时需做好断奶的准备。从这个月开始，每天给宝宝添加辅食的次数可以增加到3次，喂食的时间可以安排在10:00、14:00、18:00。相应地，母乳喂养的次数要减少到2～3次，喂养的时间可以安排在早上、中午和晚上临睡时。人工喂养的宝宝，此时不应再把奶作为宝宝的主食，要增加辅食，但是每天的奶量仍要保持在700～800毫升。此时，宝宝消化道内的消化酶已经可以充分消化蛋白质，因此可以给宝宝多喂一些含蛋白质丰富的奶制品、豆制品以及鱼肉等。

蠕嚼期断奶辅食

豆腐蛋黄泥

♥ 原 料
豆腐50克、鸡蛋1个。

♥ 做 法
1 豆腐放入沸水中焯熟，研磨成泥状；鸡蛋煮熟，取1/2个蛋黄研磨成泥状。
2 将豆腐泥和蛋黄泥混合在碗里，搅拌均匀即可。

妈 妈 喂 养 经
宝宝在7~8个月时对钙的摄取量每天增加200毫克左右。鸡蛋、豆腐含有丰富的钙，吃起来又软又嫩，特别适合给还不太会咀嚼的宝宝食用。

芋头玉米泥

♥ 原 料
芋头、玉米粒各20克。

♥ 做 法
1 芋头去皮，洗净，切成块状，放入清水中煮熟。
2 玉米粒洗净，煮熟，然后放入搅拌器中搅拌成玉米蓉。
3 用勺子背面将熟芋头块压成泥状，倒入玉米蓉，拌匀即可。

妈妈喂养经
第一次喂食此泥前先给宝宝喂点乳汁。

鸡蛋羹🍴

❤ 原料
鸡蛋1个；葱花适量。

❤ 做法
1 鸡蛋打入碗内，打散，放入葱花搅匀，再放入适量凉开水调匀。
2 蒸锅置火上，加入适量水烧沸，将鸡蛋羹碗放入锅内，加盖，用大火蒸5分钟即可。

胡萝卜豆腐泥🍴

❤ 原料
胡萝卜20克、嫩豆腐30克、鸡蛋1个。

❤ 做法
1 胡萝卜洗净、去皮，放入锅内煮熟，捞出，切成小丁。
2 另取一锅，倒入水和胡萝卜丁，再将嫩豆腐边捣碎边加进去，一起煮。
3 煮5分钟左右、汤汁变少时，将鸡蛋打散加入锅里煮熟即可。

番茄猪肝泥🍴

❤ 原料
番茄100克、鲜猪肝20克。

❤ 做法
1 将鲜猪肝洗净，去筋膜，切碎成末；番茄洗净，去皮，捣成泥。
2 把猪肝末和番茄泥拌好，放入蒸锅，上笼蒸15分钟，熟后再捣成泥即可。

水豌豆糊🍴

❤ 原料
豌豆10个；肉汤100毫升。

❤ 做法
1 豌豆洗净，放入沸水中炖煮熟烂。
2 取出炖烂的豌豆捣碎，过滤后与肉汤一起搅匀即可。

妈妈喂养经
豌豆富含蛋白质、维生素B1、维生素B6、胆碱和叶酸等，味道比大豆好，宝宝大多不会排斥。另外，豌豆对宝宝腹泻有显著疗效。

草莓牛奶羹 🍴

♥ 原 料

草莓50克、奶粉20克。

♥ 做 法

1 将草莓清洗干净，去蒂，切成小块。
2 将草莓块、奶粉一起倒入榨汁机里，加适量凉开水，搅拌均匀即可。

肉泥米粉 🍴

♥ 原 料

猪瘦肉50克、米粉100克。

♥ 做 法

1 把猪瘦肉洗净，剁成泥，加入米粉，搅拌均匀成肉泥米粉。
2 将拌好的肉泥米粉放入碗内，加少许水，放入蒸锅，蒸15分钟即可。

番茄土豆羹 🍴

♥ 原 料

番茄、土豆、猪肉末各20克。

♥ 做 法

1 番茄洗净，去皮，切碎；土豆洗净，煮熟，去皮，压成泥。
2 将番茄碎、土豆泥与猪肉末一起搅匀，上锅蒸熟即可。

妈妈喂养经

番茄中含有丰富的维生素C和大量纤维素，帮助宝宝预防感冒，防止便秘。有的宝宝不喜欢吃番茄，可以把它切成片或小丁，与土豆泥、猪肉末做成混合羹，能缓解番茄的酸味，使营养更全面。

牛肉粥 🍴

💗 原 料   ◦ ✿

牛肉20克、米饭30克；骨头汤100毫升。

💗 做 法   ◦ ✿

1 牛肉洗净，切碎。
2 米饭、牛肉碎和骨头汤一同下锅，加适量清水，大火煮沸，转小火熬煮15分钟即可。

妈 妈 喂 养 经

　　牛肉可以补脾胃、强筋骨，牛肉粥可以使宝宝身体更强健。但是牛肉不宜常吃，每周1次为宜。牛肉不易熟烂，烹饪时放一个山楂、一块橘皮或一点茶叶可以使其易烂。

鲜香菇鸡肉粥 🍴

💗 原 料   ◦ ✿

大米、鸡肉各50克，鲜香菇2朵。

💗 做 法   ◦ ✿

1 大米淘洗干净；鲜香菇洗净，切粒；鸡肉洗净，剁成泥状。
2 大米、鲜香菇粒、鸡肉泥放入锅内，加清水，加盖用大火煮沸，再转小火熬至黏稠即可。

妈妈喂养经

　　糯糯的鸡肉泥配上清香爽口的鲜香菇粒，符合宝宝的口味，有助于消化和吸收，是好妈妈必学的美味营养粥。

南瓜浓汤 🍴

♥ 原 料 ·🏠·

南瓜50克；高汤100毫升。

♥ 做 法 ·🏠·

1 先将南瓜洗净，切丁，放入搅拌器中，加高汤打成泥状。

2 将南瓜泥放入锅中，用小火煮熟，拌匀即可。

妈妈喂养经

南瓜可以提供丰富的胡萝卜素、B族维生素、维生素C、蛋白质等，其中的胡萝卜素可以转化为维生素A，维生素A可以促进眼睛健康发展、预防组织老化、维护视神经健康。

时蔬浓汤 🍴

♥ 原 料 ·🏠·

番茄、土豆、洋葱、胡萝卜、黄豆芽、圆白菜各15克；高汤100毫升。

♥ 做 法 ·🏠·

1 黄豆芽洗净，沥干；洋葱去皮，洗净，切丁；胡萝卜洗净，去皮，切丁。

2 圆白菜洗净，切丝；番茄、土豆分别洗净，去皮，切丁。

3 将高汤加适量水，煮沸后，放入黄豆芽、洋葱丁、圆白菜丝、胡萝卜丁、番茄丁和土豆丁，大火煮沸后，转小火慢慢熬，熬至汤成浓稠状即可。

妈妈喂养经

各种时令蔬菜煮成浓浓的汤汁，富含大量的维生素和矿物质，满足宝宝多种营养需求。汤汁颜色鲜艳，宝宝看了也会食欲大增。

鱼泥豆腐🍴

❤ 原 料 · 🌸 ·

三文鱼20克、豆腐50克。

❤ 做 法 · 🌸 ·

1 三文鱼洗净，剁成泥；豆腐洗净，切成大块。

2 在切好的豆腐块上铺上拌好的三文鱼泥，放入蒸锅，用大火蒸15分钟即可。

妈妈喂养经

三文鱼含有丰富的铁和维生素A、维生素D，还含有较多的钙、磷、钾等矿物质，且纤维细，易消化吸收。豆腐富含丰富的蛋白质。两者搭配口感佳、营养丰富。

香菇烧豆腐🍴

❤ 原 料 · 🌸 ·

豆腐50克、鲜香菇30克。

❤ 做 法 · 🌸 ·

1 鲜香菇去蒂，洗净，切成小片，在沸水锅中焯一下，取出沥干；豆腐洗净，切成小方块，在沸水锅中煮一下，捞出冲凉，沥干。

2 锅置火上，加入适量水，放入豆腐块、香菇片，煮熟即可。

团圆果 🍴

♥ 原料

红薯、苹果各25克。

♥ 做法

1. 将红薯洗净，去皮，切碎；苹果洗净，去皮、核，切碎。
2. 锅内加入水煮沸，放红薯碎和苹果碎煮软，捞出即可。

妈妈喂养经

　　红薯是一种碱性食品，能与肉、蛋、米、面所产生的酸性物质中和，调节人体酸碱平衡，对维持宝宝身体健康十分有益。

奶味豆浆 🍴

♥ 原料

奶粉、黄豆粉各10克。

♥ 做法

1. 将黄豆粉用凉开水调开，再加入适量水，放入锅内充分加热煮沸，无豆腥味即可盛出。
2. 豆浆略凉，沏入奶粉调匀即可。

芹菜肉末 🍴

♥ 原料

猪瘦肉30克、芹菜50克。

♥ 做法

1. 猪瘦肉洗净，剁成末，蒸熟。
2. 芹菜去根、叶，洗净，切成末，用沸水焯熟，捞出沥干。
3. 将猪瘦肉末和芹菜拌匀即可。

黄瓜蒸蛋 🍴

❤ 原 料 • ❀ •

鸡蛋1个、去油鸡汤40毫升、黄瓜1/2根。

❤ 做 法 • ❀ •

1 将鸡蛋打成蛋液，加入去油鸡汤搅拌均匀。

2 黄瓜剖开，去籽，洗净，切成段，入沸水煮5分钟，取出，以铝箔纸包覆底部。

3 蛋汁倒入黄瓜段中，放进蒸锅里，用小火蒸10分钟即可。

4 用勺子将黄瓜压烂即可喂食。

妈妈喂养经

黄瓜性凉、味甘，可以清热利水、解毒消肿、生津解渴，非常适合宝宝在夏季食用。

白菜烂面条 🍴

❤ 原 料 • ❀ •

挂面30克、白菜10克。

❤ 做 法 • ❀ •

1 白菜洗净，切碎。

2 挂面掰碎，放进锅里，待挂面煮沸后，转小火，加入白菜丝，一起稍煮，大约5分钟后起锅即可。

三鲜豆腐脑 🍴

❤ 原 料 • ❀ •

虾仁3只、鸡肉10克、香菇2朵、豆腐50克、鸡蛋1个（取蛋清）。

❤ 做 法 • ❀ •

1 虾仁洗净，去除沙线，剁碎，拌入少许蛋清。

2 鸡肉洗净，剁碎；香菇浸软，去蒂，洗净，切碎。

3 锅内加适量清水烧沸，加入虾仁碎、鸡肉碎和香菇碎，大火煮沸后，转小火。

4 慢慢滑入豆腐，煮熟即可。

Part 4 宝宝断奶晚期（9~10个月）

9个月宝宝身体发育水平

从这个月开始，宝宝将从圆滚的体型慢慢转换到幼儿的体型。由于运动神经的发育逐步提高，宝宝比以前显得更加活跃。

身高

9～10个月宝宝的身高平均每个月增长1.2厘米左右。男宝宝的平均身高为74.17厘米，女宝宝的平均身高为72.48厘米。

体重

9个月宝宝的体重已接近出生时体重的3倍，男宝宝的平均体重为9.82千克（7.2～11.3千克），女宝宝的平均体重为9.2千克（6.6～10.5千克）。

头围

男宝宝的平均头围为45.88厘米，女宝宝的平均头围为44.78厘米。

胸围

男宝宝的平均胸围为45.7厘米，女宝宝的平均胸围为44.8厘米。

牙齿

大多数的宝宝在10个月前已长出乳牙2～4颗。

9个月宝宝动作发育水平

现在，宝宝发现坐着已经不能满足他了，他迫切希望向前移动自己的身体并且希望自己站起来。能够身体向前靠住而不跌倒，尽管不能斜靠或转动腰部。

如果想拿到东西，不达目的绝不罢休，会尝试各种方法挪动身体，但是仍然掌握不好平衡。

如果你让宝宝趴下并让他朝你的方向过来的话，他可能会爬起来。如果他不是向前爬，而是向后爬，你也不用吃惊，因为此时宝宝的大脑还不能正确支配肌肉。

宝宝可以扶着栏杆在小床里站起来，但因为不能掌握平衡，可能会跌倒。他可以一只手拿着东西爬，也开始懂得转方向了。有些宝宝可能会爬楼梯，爬的时候，手和腿可能是伸直的。手扶着可以站一会儿，可能可以不扶着家具自己站起来，会由站而蹲下来，还会扶着墙或家具侧走。

在精细动作方面，可以用拇指和食指捡起小东西或鞋带，会在胸前拍手或拿着两样东西相互击打，会用食指指东西和方向，会用食指去挖洞或勾东西，还可能会叠两块积木。

🐰 9个月宝宝语言发育水平

宝宝的发声越来越像说话，开始有明显的高低音调出现，会用声音加强情绪的激动。能模仿大人咳嗽，还试图模仿大人说话的语调；能咿呀地说出一些有意义的词——舌头按照真正讲话的节奏和方法上下活动；能发出"嗒嗒"的声音，或发出"嘶嘶"（像开汽水）的声音。

会注意听别人讲话或唱歌，会做出对自己名字以外的一两个字有反应，例如"不要"。

会听懂简单的指示，例如"去拿拖鞋"，他就会用眼睛去寻找拖鞋，说明他已经听懂了。

🐰 9个月宝宝感觉发育水平

宝宝对外界事物能够有目的地去看了，不再是泛泛地有什么看什么，而是有选择地看他喜欢看的东西，如在路上奔跑的汽车、玩耍中的儿童、小动物。宝宝非常喜欢看会动的物体或运动着的物体，比如时钟的秒针及钟摆、滚动的扶梯、旋转的小摆设、飞翔的蝴蝶、移动的昆虫等等，也喜欢看迅速变幻的电视广告画面。

🐰 9个月宝宝心智发育水平

宝宝已经知道自己是谁，非常善于表示出他不喜欢的事情——不愿意洗脸的时候，他会把手捂在脸上；不愿意梳头的时候就把手放在头上。

宝宝害怕高的地方。宝宝对事物的形态有初步的认知，能认识物体的长度和宽度，也能分辨三角形、长方形、圆形等形状，能够在衣服下面找出你藏好的玩具。

对重复的事会感觉厌烦，可能会记得前一天玩的游戏。但对自己特别喜欢的玩具保持长时间的注意力。对做得好的事或游戏，会希望得到奖赏。

对自己用手丢掉的东西或看到人离开，会期待其回来；会一手拿一样东西玩，也会将两样东西相互敲击或推挤；会把一只手中的东西丢掉或衔在口中，再去拿第二件东西；会演练特定的状况，并有象征性的思考能力；也许会拒绝被人打断注意力。

🐰 10个月宝宝身体发育水平

进入10个月的宝宝，体型变得越来越结实，已经接近幼儿的体型。

● 体重

男宝宝的体重为7.6~11.7千克，女宝宝的体重为6.9~10.9千克。

● 身高

男宝宝的身高为68.3~78.9厘米，女宝宝的身高为66.2~77.3厘米。

● 头围

男宝宝的平均头围为46.35厘米，女宝宝的平均头围为45.18厘米。

● 胸围

男宝宝的平均胸围为45.97厘米，女宝宝的平均胸围为45.15厘米。

● 牙齿

此时宝宝已经长出4~6颗牙齿。

🐰 10个月宝宝动作发育水平

现在，宝宝真正开始活动他的身体了，他能够轻易、自信地站起身来，并很好地保持平衡；可以爬行或匍匐而行，靠双手拖动身体向前移动，但是宝宝爬的时候，腹部也许还不能完全离开地面；宝宝现在正在学习如何保持身体的平衡，因为他开始扭动躯干试图旋转身体，但是还不十分自信；宝宝能够从趴着的姿势变成站立的姿势，并从站立变为趴下；坐着的时候能够很好地保持平衡。

宝宝的手指越来越灵活，控制得也越来越好了。宝宝能用两手握住杯子，或者自己拿汤匙进食，虽然食物洒得很多，但宝宝毕竟能把小勺放到自己的嘴里。宝宝还能把抽屉开了又关上，会开启瓶盖。

当妈妈抱着宝宝和宝宝一起看书时，妈妈翻书，宝宝也跟着翻，尽管宝宝往往一翻就是好几页，但毕竟宝宝的手指能够把纸页翻起来了，这就是一个不小的进步。

10个月宝宝语言发育水平

宝宝喜欢发出"咯咯""嘶嘶"、咳嗽等有趣的声音，笑声也更响亮，并反复重复会说的字。开始能模仿别人的声音，并要求对方有应答，进入了说话萌芽阶段。在成人的语言和动作引导下，能模仿成人拍手、挥手再见和摇头等动作。

宝宝现在知道语言不仅仅意味着声音的变化，还能够理解很多单词、话语的准确意义，如：说"不"与摇头、"再见"与挥手。到第10个月的月末，宝宝应该可以说出有意义的单词。但是，如果他不能说的话也不用担心，因为在这个阶段让宝宝理解词语的含义是最重要的事。

10个月宝宝心智发育水平

此时的宝宝能够认识常见的人和物。他开始观察物体的属性，从观察中他会得到关于形状、构造和大小的概念，甚至他开始理解某些东西可以食用，而其他的东西则不能，尽管这时他仍然将所有的东西放入口中，但只是为了尝试。遇到感兴趣的玩具，会试图拆开看里面的结构，体积较大的，知道要用双手去拿，并能准确找到存放玩具的地方。

10个月宝宝情绪反应水平

10个月的宝宝的情绪、情感更丰富了。他会用表情、手势、声音来表达自己的喜、怒、哀、乐，如用笑脸欢迎妈妈，用哭发泄不满。同时，他还记住了自己不喜欢的人和事，比如再次到医院看病或打预防针，他看到穿白大衣的医生就躲，甚至离得很远后就大哭。

能够准确理解简单词语

10个月的宝宝能够准确理解周围人所说的简单词语的意思，在爸爸妈妈的提醒下，宝宝会喊爸爸、妈妈、爷爷、奶奶；摆手表示"再见"等；对简单的问题，能够用眼睛看、用手指的方法做出回答；能模仿爸爸妈妈的声音，说一些简单的词；能说出一些爸爸妈妈难以听懂的话；喜欢发出"咯咯""嘶嘶"等声音，喜欢重复会说的字；能听懂三四个字组成的句子。

Chapter 2 宝宝营养与照护要点

 ## 9个月宝宝喂养注意事项

由于宝宝的活动能力更强了，让他坐着喂食就很不容易了。如何帮助宝宝养成良好的饮食习惯对于爸爸妈妈来说非常重要。

关于喂辅食究竟用多少时间合适，由于宝宝吃饭快慢不同，不能一概而论，重要的是宝宝是否吃得高兴。对不喜欢吃粥的宝宝，即使花40~50分钟让他吃完饭碗里的七成粥，他也不会高兴地吃下去。如果用匙子把粥喂进宝宝的嘴里，他老是含在嘴里不往下咽，那就是不爱吃，这时至多喂30分钟就行了。

满8个月以后，宝宝对食物的好恶日趋明显。不喜欢吃蔬菜的宝宝，若给他吃菠菜，他会用舌头顶出来。为了让宝宝吃他不爱吃的东西，可把食物弄碎放在粥里，或者做成软煎包、菜蛋卷等。如果宝宝吃粥、面包、面条等，就能取得基本热能；吃母乳或配方奶，能满足对蛋白质的起码需要；宝宝对其余的辅食有点偏食，也不会发生营养失调。

在动物性食物方面，宝宝不吃鱼、鸡蛋、牛肉、猪肉等食物中的任何两种，都不会导致营养失调。即使宝宝不吃土豆，但只要吃米饭、面包、面条，也不会导致糖分不足。在米饭、面包、面条中，只要吃其中一种，就不会热量不足。从这个月龄开始至1周岁，宝宝的日常饮食要朝三餐三点的模式靠拢，父母要做好准备，尽早让宝宝适应。

 ## 和大人一起吃饭的注意事项

有的宝宝喜欢和大人一起吃饭，也喜欢吃大人的饭菜。妈妈完全可以利用宝宝的这一特点，在大人午餐和晚餐时添加两次辅食。只要宝宝能吃、不呛、咽得很好，能和大人一起进餐是很好的，同时，妈妈要注意以下几点：

在烹饪时，要合宝宝的胃口，饭菜要烂，少放食盐，不放味精、胡椒面等刺激性调料。

吃鱼时注意鱼刺。

抱宝宝到饭桌上，一定要注意安全，热的饭菜不能放在宝宝身边，宝宝

已经会把饭菜弄翻，比如热汤会烫伤孩子。婴儿皮肤娇嫩，即使大人感觉不很烫的，也可能会把宝宝烫伤。

不要让宝宝拿着筷子或饭勺玩耍，可能会戳着宝宝的眼睛或喉咙。

有的宝宝就喜欢吃辅食，无论如何也不爱吃奶，就要多给孩子吃些鱼、蛋、肉，补充蛋白质。

🐰 宝宝偏食怎么办

一般而言，越是味觉敏感的宝宝，越喜欢挑食，长此以往就养成了偏食的习惯。特别是当宝宝长到9个月时，这种对食物的偏好会表现得日趋明显。有些宝宝不爱吃蔬菜，菠菜、胡萝卜等统统不吃，若是强行喂，他便会吐出来或用舌头顶回来。对此，爸爸妈妈是又着急又无可奈何。

如果出现这种情况，爸爸妈妈可以试着改变食物花样来提高宝宝对食物的兴趣，比如把菜切成泥后放在粥中，喂粥给宝宝吃；或把食物做成宝宝喜欢的形状；或改变食物的颜色，使食物变得好看等。

为了帮助宝宝改正这种不良习惯，爸爸妈妈还应在采购食品时力求品种多样化，吃饭时不要在宝宝面前表现出对某种食物的厌恶或喜爱。同时，不要强迫宝宝吃某种食物，以免造成宝宝对这种食品的抵触情绪。

需向爸爸妈妈说明的是，对于宝宝在婴儿阶段挑食的毛病，爸爸妈妈大可不必为此着急。因为大部分的宝宝在婴儿期不爱吃的东西，到了幼儿期就可能变得爱吃了，对于偏食的纠正做些努力是可以的，但一定不要强制进行。

🐰 10个月宝宝喂养要点

这个月的宝宝体重的增加速度一般都有所下降，平均每天增加5～10克。如果宝宝的体重以平均每天增加15～20克的程度继续增加下去，就可能成为肥胖儿。宝宝的奶量应保持在500毫升左右，粥只能吃儿童碗的1碗。宝宝饥饿时，可喂食苹果。

宝宝满9个月后，并不一定非要给宝宝吃与上个月不同的辅食。可以像上个月一样，将鸡蛋、豆腐、土豆、胡萝卜、圆白菜等加工后给宝宝食用，量可以适当增加。

有些宝宝到了这个月时还很依恋母乳，此时是否可硬性中止母乳，这要视具体情况而定。如果宝宝辅食吃得很多，可在吃完辅食后接着喂母乳；如果宝宝非常想吃母乳，吃了点辅食就不吃了，就必须停喂母乳。

如果白天停喂母乳很困难，可连夜里的母乳也一齐停掉。老是想吃母乳的宝宝，总是会热衷于吃母乳而不愿意吃辅食。那些只在午睡前、晚睡前和夜间醒来时吃母乳的宝宝，只要辅食吃得很好，就没有必要停喂母乳。

从这个时候起，可参考下列程序给宝宝进食：

6:00喂母乳。

10:00喂稠粥1碗（100～120毫升），菜泥或碎菜2～3汤匙，蛋羹半只。

14:00喂母乳或牛奶。

18:00喂稠粥或烂面条（面片）1碗，蛋羹半只，除菜泥外还可在粥中加豆腐末、肉末、肝泥等。

22:00喂母乳或牛奶。

宝宝吃水果的注意事项

水果能提供宝宝身体发育所需要的营养，但宝宝吃水果也有一些禁忌，爸爸妈妈要注意。

宝宝吃水果的时间

最佳的做法是把食用水果的时间安排在两餐之间，或是午睡醒来后，这样，可让宝宝把水果当作点心吃。

吃水果要注意体质

有舌苔厚、便秘、体质偏热等问题的宝宝，最好吃一些寒凉性水果，如梨、西瓜、香蕉、猕猴桃等，可以败火；而荔枝、柑橘吃多了却可引起上火，因此不宜给体热的宝宝多吃。消化不良的宝宝应吃熟苹果泥，而食用配方奶便秘的宝宝则适宜吃生苹果泥。

有些水果宝宝食用要适度

荔枝 大量吃会使宝宝的正常饭量大大减少，影响对其他必需营养素的摄取。

西瓜 在夏日吃西瓜清凉解渴，西瓜被认为是最佳的消暑水果，尤其在宝宝发烧、长口疮、身患暑热症时。但西瓜也不能过多食用，特别是脾胃较弱、腹泻的宝宝。

柿子 柿子是宝宝钟爱的水果，但当宝宝过量食用，尤其是与红薯、螃蟹一同吃时，便会使柿子里的柿胶酚、单宁和胶质在胃内形成不能溶解的硬块儿，影响消化。

香蕉 香蕉肉质糯甜，又能润肠通便，因此也是妈妈经常给宝宝吃的水果。然而，不可在短时间内让宝宝吃得太多，尤其是脾胃虚弱的宝宝。

不要过量吃水果

宝宝吃水果过量，体内会积累过多果糖使身体缺乏铜元素。身体长期缺铜，不仅会影响骨骼的发育造成身材矮小，而且还会使宝宝经常有饱腹感，影响正常饮食。水果中的无机盐、粗纤维的含量也比蔬菜少。

不同体质宝宝的饮食调养

宝宝的体质由先天禀赋和后天调养决定，与生活环境、季节气候、食物、药物、锻炼等因素有关，其中饮食营养是最重要的因素。出生时体质较好的宝宝可因喂养不当而使体质变弱，而先天不足的宝宝，只要后天喂养得当，也能使其体质增强。宝宝的体质分为健康、寒、热、虚、湿五型。因此，父母根据体质作饮食调养是很必要的。

● **健康型**

这类宝宝身体壮实、面色红润、精神饱满、胃纳佳、二便调，此类宝宝的饮食调养原则是平补阴阳、食谱广泛、营养均衡。

● **寒型体质**

寒型宝宝形寒肢冷、面色苍白、不爱活动、胃纳欠佳，食生冷物易腹泻、大便溏稀。此类宝宝饮食调养的原则是温养胃脾，宜多食辛甘温之品，如羊肉、鸽肉、牛肉、鸡肉、核桃、桂圆等；忌食寒凉之品，如冰冻饮料、西瓜、冬瓜等。

● **热型体质**

热型宝宝形体壮实、面赤唇红、畏热喜凉、口渴多饮、烦躁易怒、胃纳佳、大便秘结。此类宝宝易患咽喉炎，外感后易高热，饮食调养的原则是清热为主，宜多食甘淡寒凉的食物，如苦瓜、冬瓜、白萝卜、绿豆、芹菜、鸭肉、梨、西瓜等。

● **虚型体质**

虚型宝宝面色萎黄、少气懒言、神疲乏力、不爱活动、汗多、食欲缺乏、大便溏或软。此类宝宝易患贫血和反复呼吸道感染，饮食调养的原则是气血双补，宜多食羊肉、鸡肉、牛肉、海参、

虾蟹、木耳、核桃、桂圆等；忌食苦寒生冷食品，如苦瓜、绿豆等。

● **湿型体质**

湿型宝宝嗜食肥甘厚腻之品，形体多肥胖、动作迟缓、大便溏烂。保健原则以健脾祛湿化痰为主，宜多食高粱、薏苡仁、扁豆、海带、白萝卜、鲫鱼、冬瓜、橙子等；忌食甜腻酸涩之品，如石榴、蜂蜜、红枣、糯米、冷冻饮料等。

宝宝何时吃盐好

宝宝不宜过早、过多地吃盐，原因在于盐是由钠和氯两种元素构成的。宝宝肾脏的发育还不成熟，肾小球内细胞多、血管少，因而滤尿面积小、浓缩尿液的能力差，所以肾脏不能够排泄过多钠、氯等无机盐，如果宝宝吃盐过早或过多，很容易使肾脏受到伤害。因此1岁以内的宝宝，应尽量避免吃盐。8～10个月前，宝宝的食物以乳类为主，同时添加了辅食，这些食物中或多或少都含有一定量的钠、氯成分，可以满足宝宝对钠、氯的生理需要，所以不必担心不吃盐会对宝宝有什么不利影响。一般1岁以后宝宝肾脏的滤尿功能已经开始接近成人，此时可以在辅食中添加少许盐分，但一定要酌量添加，不可过多。夏季宝宝出汗较多，或出现腹泻、呕吐时，食盐量可略有增加。

Chapter 3 细嚼期断奶辅食

香蕉芒果奶昔

♥ 原料

香蕉1根、芒果1个；奶粉20克。

♥ 做法

1 香蕉去皮，切成块；芒果去皮，取果肉。

2 将香蕉块、芒果肉、奶粉一起放入搅拌机中，加适量凉开水，搅拌均匀即可。

妈妈喂养经

芒果和香蕉都含有丰富的维生素，拌入奶粉后，营养更加全面。让宝宝经常喝点奶昔，可以摄入更全面的营养。

炖鱼泥

♥ 原料

鱼肉50克、白萝卜泥30克；高汤100毫升。

♥ 做法

1 将高汤倒入锅中，加适量清水，再放入鱼肉煮熟。

2 把煮熟的鱼肉取出压成泥状，再入锅并加入白萝卜泥，煮熟即可。

妈妈喂养经

做这道菜的时候，妈妈要注意把鱼肉中的刺剔除干净，以防宝宝在吃的时候被卡到。用高汤煮鱼肉，鱼肉的味道会更鲜美，更符合宝宝的口味。

山药羹 🍴

♥ 原 料 ┈┈ ✿
山药20克、糯米30克、枸杞子5克。

♥ 做 法 ┈┈ ✿
1 枸杞子用温水泡软，洗净；山药去皮，洗净，切小块；糯米淘洗干净，入清水中浸泡3小时。
2 将糯米和山药块放入搅拌机中，加适量凉开水，打成汁备用。
3 糯米山药汁、枸杞子下入锅中煮成羹即可。

妈 妈 喂 养 经
　　山药健脾益气，增强消化功能，可以促进宝宝食欲。

三鲜蛋羹 🍴

♥ 原 料 ┈┈ ✿
鸡蛋1个，虾50克，猪肉、蘑菇各20克。

♥ 做 法 ┈┈ ✿
1 将虾洗净，剥壳，去除沙线，剁成泥；猪肉洗净，切成末；蘑菇洗净，切成末；鸡蛋打散。
2 将鸡蛋、虾泥、猪肉末和蘑菇末混合在一个碗里，顺着一个方向搅拌均匀，蒸熟即可。

百合银耳粥 🍴

♥ 原 料 ┈┈ ✿
百合、银耳各10克，大米40克。

♥ 做 法 ┈┈ ✿
1 银耳、百合分别泡水，发好，洗净。
2 大米淘洗干净后，加清水煮粥。
3 将发好的银耳撕成小块，与百合一起放入粥中，继续熬煮，待银耳和百合都有些溶化时即可。

妈妈喂养经
　　百合润肺，银耳滋润。此粥适合秋天给宝宝吃，可以预防天气干燥引起的咳嗽。

小白菜玉米粥 🍴

♥ 原料

小白菜、玉米面各30克。

♥ 做法

1 小白菜洗净，入沸水中焯烫，捞出，切成末。
2 用温水将玉米面搅拌成浆，加入小白菜末，拌匀。
3 锅置火上，加适量清水煮沸，下小白菜末玉米浆，大火煮熟即可。

馒头菜粥 🍴

♥ 原料

馒头1/4个、青菜粥1碗；高汤100毫升。

♥ 做法

1 将馒头掰成小碎块。
2 锅内加高汤和适量清水煮沸，下入馒头碎块，用勺子捣后，稍煮片刻。
3 倒入青菜粥搅拌均匀即可。

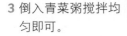

妈妈喂养经

　　9个月大的宝宝应该多吃淀粉类的食物，多多地熟悉各种食物的味道。这样长大后才不会挑食。而且，此粥里面的馒头碎块还可以帮助宝宝练习吞咽。

奶香米粥 🍴

♥ 原料

大米50克、奶粉20克。

♥ 做法

1 将大米淘洗干净，入清水中浸泡3小时。
2 锅置火上，放入大米和适量清水，大火煮沸，再转小火熬成烂粥，即可关火。
3 待粥晾至温热后，加入奶粉搅匀即可。

猪瘦肉末碎菜粥 🍴

💚 原 料 ・★・

大米50克、猪瘦肉末20克、油菜10克。

💚 做 法 ・★・

1 油菜洗净，切碎；大米洗净；备用。
2 锅内放入大米和适量清水，大火煮沸后，转小火煮成粥，然后加入猪瘦肉末及油菜碎，煮熟即可。

妈妈喂养经

　　这个月的宝宝咀嚼功能有了一定的进步，适当地吃点肉末碎，既能补充营养，也可以锻炼宝宝的咀嚼功能。

苹果草莓奶昔 🍴

💚 原 料 ・★・

苹果1个、草莓3个、奶粉20克。

💚 做 法 ・★・

1 苹果洗净，去皮，切成块；草莓洗净，对半切；奶粉用200毫升水冲开。
2 将苹果块、草莓、牛奶一起放入搅拌机中搅匀即可。

玉米排骨粥 🍴

💚 原 料 ・★・

玉米粒10克、猪排骨20克、米粥1碗。

💚 做 法 ・★・

1 玉米粒洗净，剁碎；猪排骨洗净，剁小块。
2 锅内加水，大火煮沸，放入玉米碎、猪排骨块，小火熬烂，加入米粥熬煮片刻即可。

妈妈喂养经

　　猪排骨可以为宝宝补充优质蛋白质和钙、磷等矿物质；玉米的粗纤维含量多，可促进宝宝肠道蠕动。

虾仁粥 🍴

❤ 原料 ·❀·

大米20克，虾仁50克，芹菜、胡萝卜、玉米粒各30克。

❤ 做 法 ·❀·

1 将虾仁去除沙线，洗净，沥水，切成碎；芹菜洗净，切末；胡萝卜去皮，洗净，切末；玉米粒洗净，切碎；大米淘洗干净，入清水中浸泡3小时。

2 将大米加入适量清水煮沸，转小火，煮至粥稠，加入芹菜末、胡萝卜末、虾仁碎和玉米碎煮熟即可。

妈 妈 喂 养 经

虾仁富含丰富的蛋白质和钙，有健脑、养胃、润肠的功效，且口感鲜嫩、甜美，非常适合宝宝食用。此粥还配有各种蔬菜，满足宝宝对维生素的需求。

新鲜水果汇 🍴

❤ 原料 ·❀·

黄桃、芒果、火龙果各10克，香蕉1/2根。

❤ 做 法 ·❀·

1 将黄桃洗净，去皮，切成细粒；芒果去皮，取肉，用勺子压成泥；火龙果去皮，切成粒；香蕉去皮，切成粒。

2 将水果丁装盘即可。

妈妈喂养经

宝宝吃切碎的水果可以练习咀嚼、吞咽。香蕉、火龙果、芒果都含有较高的热量，能满足宝宝对热量的需求，且口感细滑、绵糯，很符合宝宝的口味。妈妈可以根据不同时令，给宝宝做不同的新鲜水果汇，酸酸甜甜的水果必能得到宝宝的青睐。

猕猴桃泥🍴

💗 原料

猕猴桃50克。

💗 做法

将猕猴桃洗净，去皮，研磨成泥即可。

三角面片🍴

💗 原料

小馄饨皮4张、青菜2棵；高汤100毫升。

💗 做法

1 小馄饨皮用刀拦腰切成两半后，再切一刀，成小三角状；青菜洗净，切成碎末。

2 锅内放高汤，加适量清水，煮沸后下三角面片，再次煮沸后放入青菜碎，煮熟即可。

牛肉碎菜细面汤🍴

💗 原料

牛肉15克，细面条50克，胡萝卜、四季豆各20克；橙汁、高汤各100毫升。

💗 做法

1 锅置火上，放入适量清水，煮沸后下细面条，煮2分钟，捞出来，切成小段，备用。

2 将牛肉洗净，切碎；胡萝卜去皮，洗净，切成末；四季豆洗净，切碎；备用。

3 另取一锅，将牛肉碎、胡萝卜末、四季豆碎与高汤一同放入，加适量清水，用大火煮沸，然后加入细面条煮至熟烂，最后加入橙汁调味即可。

妈妈喂养经

此面汤营养丰富，口味鲜美，且有助于宝宝消化和吸收。

什锦拌软饭

♥ 原 料

大米软饭50克、茄子20克、番茄1/2个、土豆泥10克、牛肉末5克。

♥ 做 法

1 将茄子洗净，去皮，切细末；番茄洗净，去皮，切丁。
2 茄子末、番茄丁、牛肉末、土豆泥拌匀，蒸熟，拌入软米饭即可。

妈 妈 喂 养 经

这个月的宝宝可以适当吃一些米饭，但是妈妈要注意，米饭要特别软，才利于消化。

虾末菜花

♥ 原 料

菜花40克、虾10克。

♥ 做 法

1 菜花洗净，放入沸水中煮软后切碎。
2 虾洗净，去除沙线，剥皮，切碎，蒸熟。
3 熟虾仁碎、菜花碎拌匀即可。

芝麻豆腐

♥ 原 料

豆腐1块、熟芝麻10克。

♥ 做 法

1 将豆腐用沸水浸后沥干、研碎，与熟芝麻混匀。
2 锅置火上，放入拌好的芝麻豆腐蒸15分钟即可。

什锦猪肉菜末 🍴

♥ 原 料

猪肉20克，番茄、胡萝卜、洋葱、柿子椒各8克。

♥ 做 法

1 将猪肉、番茄、胡萝卜、洋葱、柿子椒分别洗净，切成碎末。

2 在锅中加适量清水，加猪肉末、胡萝卜末、洋葱末、柿子椒末煮软，快熟时加番茄末略煮即可。

磨牙小馒头 🍴

♥ 原 料

面粉50克、奶粉10克；发酵粉适量。

♥ 做 法

1 将面粉、奶粉、发酵粉混合，加适量清水揉匀，放在面盆里饧5分钟左右。

2 将饧好的面团揉匀，然后切成等量的5份，揉成小馒头生坯。

3 将馒头生坯放入蒸锅，大火蒸15分钟至熟即可。

蛋皮鱼卷 🍴

♥ 原 料

鸡蛋2个、鱼肉泥60克；植物油适量。

♥ 做 法

1 鱼肉泥蒸熟；鸡蛋搅散。

2 小火将平底锅烧热，涂少量植物油，倒入蛋液摊成蛋饼，将熟之际把熟鱼肉泥摊上，卷起成蛋卷，出锅后切小段、装盘。

妈 妈 喂 养 经

本品蛋白质含量高，口感细嫩。

Part 5

宝宝断奶结束期

（11～12个月）

Chapter 1 宝宝身心发育监测

11个月宝宝身体发育水平

本月的宝宝骨骼发育较快，各方面的能力都有明显增长。

● **体重**

男宝宝的平均体重为10.15千克，女宝宝的平均体重为9.54千克。

● **身高**

11个月宝宝的生长速度明显比前几个月减慢了。如果他出生时大于平均身高，那么现在就可能接近遗传的身高了。男宝宝的平均身高为76.58厘米，女宝宝的平均身高为75.15厘米。

● **头围**

男宝宝的平均头围为46.6厘米，女宝宝的平均头围为45.4厘米。

● **胸围**

男宝宝的平均胸围为46.4厘米，女宝宝的平均胸围为45.3厘米。

● **牙齿**

11个月宝宝的牙齿陆续又长出2～4颗门牙，到11个月末，一般出牙5～7颗。

11个月宝宝动作发育水平

宝宝现在总是试探性地练习很多走路的动作，所以，当他扶着家具或你的手站着的时候，他会抬起腿做出踏步的动作，甚至可能会跺几下脚。

坐下的时候，身体能够往一边倾斜而不至于倾倒。

有时会抓摇铃把手，可能会拿汤匙至嘴边，会连续性地使用双手，例如：蹲下时，以一手拾物，另一手扶着支持物，可能会脱袜子、解鞋带。

可以扭动身体向后退以便拿到某个物品，而不会失去身体的平衡。到了这个月的月末，可以扶着家具迈步，去接近某个物品或人。

11个月宝宝语言发育水平

尽管宝宝还不能讲话，语言仍是含混不清，只有几个可理解的音，但是你会发现他的理解能力正在飞速发展。宝宝试图说出一两个带意思的词语，如猫、狗；当你问"鸭子在哪里啊？"的时候，能够用手指出图画上的鸭子。对于一些简单的问题，如"你想喝水吗？""还要吃吗？"等，可以用点头或摇头的方式表明"是"或"不是"。

11个月宝宝心智发育水平

宝宝开始探索容器与物体之间的关系，摸索木板或玩具上的小洞，将盒盖掀开；拨弄小物品，如摇铃里的小铁片或小纸片等；将盒子里的积木或其他小物品放入、拿出；模仿涂鸦、按铃，觉察自己的行为及代表的意义。

宝宝对概念的理解力和认知能力更敏锐了：喜欢玩关于反义词的游戏，如冷／热、粗糙／细腻、大／小，特别是当你能形象地表现出这些概念的时候；看书的时候只能在短时间内集中注意

力，希望能很快地翻页；开始学习"因果关系"——把积木扔掉，你会把它捡起来、敲鼓鼓就会响、摇摇玩具它就会发出声音等；喜欢把东西放进容器再拿出来，喜欢洗澡的时候用水注满容器再把水倒出来。

11个月宝宝情绪反应水平

伸手去摸镜中物品的影像。在大人面前显示自己的主张。

对妈妈依赖加深，宝宝可能会依妈妈的要求达到目标，开始企图以软或硬的方法，使妈妈改变心意。听从命令，可以控制自己的行为，寻求赞赏，避免责备，并不总是听话；拒绝强迫性的教导；反对拿走他的玩具；会伸手向人要，但不放掉手中的玩具；喜爱模仿，然后做给自己欣赏；抗议游戏中断。

建立"不要"的意思。宝宝做错事显露罪恶感，可能会逗父母，试探父母的容忍程度。

模仿大人动作及其他小孩的动作与游戏。宝宝会与其他小孩一起玩，但却各玩各的。

12个月宝宝身体发育水平

在这个月，宝宝的3个生理性弯曲基本完成，即将拥有一个挺拔健康的身姿。成人或大孩子的体形呈曲线形，这主要是由于脊柱有3个生理性弯曲而形成的。有两个生理性弯曲，即颈部脊柱前凸和胸部脊柱后凸已分别在出生后3个月左右会抬头时和6个月左右会坐时形成。到了1岁左右时，宝宝就开始练习直立行走，在身体重力等作用下，脊

柱出现了第三个生理性弯曲——腰部脊柱前凸。

虽然1岁左右第三个生理性弯曲已经出现，但由于脊柱有弹性，再加上宝宝骨头柔软稚嫩，在卧位时弯曲仍可变直。脊柱的3个弯曲一般要到宝宝6～7岁时才固定下来，所以，爸爸妈妈要在宝宝小的时候开始，让宝宝保持正确的坐、立、走的姿势，使宝宝有一个挺拔、健康的身姿。

● 体 重

男宝宝的平均体重为8.1～12.4千克，女宝宝的平均体重为7.4～11.6千克。

● 身 高

男宝宝的平均身高为70.7～81.5厘米，女宝宝的平均身高为68.6～80.0厘米。

● 头 围

男女宝宝的平均头围为47.1厘米。

● 胸 围

男女宝宝的平均胸围为47.1厘米。

● 牙 齿

这个月的宝宝一般已长出6～8颗牙齿。

12个月宝宝动作发育水平

这个月的宝宝站起、坐下，绕着家具走的行动更加敏捷。站着时，他可以弯下腰去捡东西，也会试着爬到一些矮的家具上去，甚至有的宝宝已经可以自己走路了，尽管还不太稳，但宝宝对走路的兴趣却很浓。

12个月宝宝语言发育水平

此时宝宝对说话的注意力日益增加，能够对简单的语言要求做出反应。对"不"有反应，会利用简单的姿势（如摇头）代替"不"；会利用惊叹词（如"oh～oh"）；会尝试模仿词汇。

这时虽然宝宝说话较少，但能用单词表达自己的愿望和要求，并开始用语言与人交流；已能模仿和说出一些词语，所发出的"音"开始有一定的具体意义。宝宝常常用一个单词表达自己的意思，如"外外"，根据情况，可能是表达"我要出去"或"妈妈出去了"；"饭饭"可能是指"我要吃东西或吃饭"。

喜欢模仿动物叫

12个月的宝宝在语言上又有了很大进步，开始喜欢自言自语，听上去就像在交谈一样。另外，一个明显的特点就是喜欢模仿动物的叫声，如小狗"汪汪"、小猫"喵喵"等。在这个月宝宝还能把语言和表情结合起来，比如他不想要的东西，他会一边摇头一边说"不"。这时的宝宝还能够理解大人的很多话，对大人说话的语调也能有所理解。此时宝宝还不能说出他理解的词，但常常用他自己的语言说话，一般来说，妈妈都能知道他说的是什么，如他说"怕怕"，意思是受到惊吓，妈妈此时的任务就是要告诉宝宝正确的表达是什么，而不是仅仅抱着宝宝安慰就行了。

12个月宝宝情绪反应水平

如果说1岁以前的宝宝，对不愿意做的事还不懂得坚持的话，那么满1岁的宝宝就开始有了自己的一些主见，一般比较集中地表现在对某些事情的讨厌上。如果宝宝不喜欢吃妈妈喂的食物，会往后仰着脖子，甚至会毫不犹豫地把勺子扔掉或把碗推开。如果宝宝不愿意把手里的玩具拿给别人时，妈妈再怎么哄也不行；如果强行拿走，宝宝就会又哭又闹，直到妈妈把玩具重新拿回来为止。

12个月宝宝心智发育水平

这个月的宝宝将逐渐知道所有的东西不仅有名字，而且也有不同的功用。父母会观察到他将这种新的认知行为与游戏融合，产生一种新的迷恋。此时宝宝也许已经会随儿歌做表演动作；能完成大人提出的简单要求；不做大人不喜欢或禁止的事；隐约知道物品的位置，当物体不在原来的位置时，他会到处寻找；已经具备了看书的能力，他们可以认识图画、颜色，指出图中所要找的动物、人物。当然，这需要妈妈的指导和协助。

Chapter 2 宝宝营养与照护要点

11个月宝宝的喂养要点

　　在满1周岁之前，3顿都吃米饭的宝宝是很少的。如果宝宝在10个月前一直只吃粥，每顿能吃100克以上，可加喂一顿米饭试试。开始时可在吃粥前给宝宝2~3匙软米饭，如果宝宝爱吃，可逐渐增加。

　　在宝宝的饮食上，只要能确定宝宝喜欢吃什么就可以了。宝宝喜欢吃的东西可一点一点地增加。有不少宝宝，在婴儿期就是不吃蔬菜，长大些后就喜欢吃了。如果爸爸妈妈想尽各种办法，宝宝就是不喜欢吃，可用水果代替，不要在每顿饭强迫宝宝吃他不喜欢的东西，可让宝宝慢慢适应。

　　吃点心也是一种乐趣。这种乐趣是有强烈个性的，因为绝不是所有宝宝都想吃点心之类的东西。怎样调剂作为生活乐趣的点心和加强营养的点心，这要根据宝宝的营养状况来决定。如果宝宝本来就过胖并已被限制吃粥和米饭、面包等食物，可用水果代替点心，只是不要给糖分丰富的香蕉。反过来，对只吃一点儿粥、米饭、面包等，体重增加不甚理想的宝宝，可在间食时间给宝宝吃点心。对只能吃三四口粥和米饭的宝宝，只要他喜欢吃甜味饼干或咸味饼干，就可以给他吃。

　　如果是干净、新出锅的豆馅馒头，宝宝也可以吃一点儿。果酱面包、奶油面包等如果不新鲜，就有危险。给10个月前后的宝宝吃糖块、太妃糖之类的东西，仍有卡住喉咙的危险。

　　规定吃点心的时间，吃完以后从漱口的角度让宝宝喝些凉白开水，可以起到预防龋齿的作用。

胖宝宝和瘦宝宝的营养菜单

　　在宝宝的日常饮食方面，爸爸妈妈要根据宝宝的胖瘦情况列菜单。

● 胖宝宝的营养菜单

　　多选富含维生素的食品，如维生素A、维生素B_6、维生素B_{12}、烟酸等。最新研究表明，有些孩子发胖是因缺乏这些维生素造成的，因为它们在人体脂肪分解代谢中具有重要作用，一旦摄入不足就会影响机体能量的正常代谢而使之过剩，形成肥胖。

补足钙元素。多给宝宝吃豆制品、海产品、动物骨等高钙食物。较胖宝宝由于体重超标，体液增多，对钙的需求量增大，若不补足，会较一般孩子更容易患上佝偻病。

足量饮水。这不仅是宝宝本来就旺盛的代谢所需，也是维持他正常体重的一个条件，因为体内过多的脂肪需在水的参与下才能代谢为热量而散失。

● 瘦宝宝的营养菜单

瘦宝宝常常有食欲差，食后腹泻、呕吐等现象，中医称为疳积。这是因为脾胃功能虚弱所致。

膳食宜多安排补脾胃、助消化的食物，如山药、扁豆、莲子、茯苓等。

多用以水为传热介质的烹饪方法，如汤、羹、糕等。少用煎、烤等以油为介质的烹调方式。

注意饮食有节制，防止过饱伤及脾胃，要使宝宝始终保持旺盛的食欲。

🐰 12个月宝宝的喂养要点

快到1周岁时，宝宝能吃的食物越来越多，但还是建议妈妈另外给宝宝单独做食物。

这一时期宝宝已长出了几颗乳齿，他已会用牙龈咬东西，食物不需要剁碎或是磨碎，应该有一定的硬度，其硬度

相当于肉丸子即可。爸爸妈妈在做肉或鱼时可以撕成小片，蔬菜可切成片或是丝，面包可烤给宝宝吃。

本月，宝宝仍处于继续快速生长阶段，宝宝可以吃接近一般的食品了，如软饭、烂菜（指煮得烂一些的菜）、水果、小肉肠、碎肉、面条、馄饨、小饺子、小蛋糕、蔬菜薄饼、燕麦片粥等。但蔬菜要多样化，以逐步取代母乳或牛奶，使辅助食品变为主食。也可以在两餐之间给宝宝加一些点心或小零食，但要注意食物的营养价值、容易被消化的情况，而且不要影响宝宝的正餐。除了辅助食品外，仍要保证宝宝每天配方奶量为400～500毫升。为宝宝提供完整及均衡的营养，满足其营养需求。

🐰 注意饮食规律

给宝宝用餐就要按时按点，不能因为大人的原因省略正常进食的某一餐。因为宝宝需要充分的营养，少了正餐或点心都会导致血糖降低，进而导致宝宝情绪不稳定。尤其是学步期间的宝宝，由于活动量增大、消耗多，因此就饿得快，这就需要中间加点儿点心来补充热量，但往往宝宝吃了点心后又可能不好好吃正餐，所以在这种情况下，在给宝宝吃点心时，就不要让宝宝吃得太多，具体以宝宝能够正常吃正餐为原则。

Chapter 3 咀嚼期断奶辅食

果仁黑芝麻糊 ✗

♥ 原料

核桃仁、花生仁、腰果、黑芝麻、麦片各10克。

♥ 做法

1 将核桃仁、花生仁炒熟，研碎；腰果泡2小时后切碎；黑芝麻炒熟，研碎。

2 将麦片加适量清水，放入锅中用大火煮沸，放入核桃仁碎、花生仁碎、腰果碎转小火煮5分钟，最后放入黑芝麻碎搅拌均匀即可。

妈妈喂养经

果仁和黑芝麻都富含矿物质，有健脑益智、强身健体的功效，宝宝常吃有助于大脑的发育。

鱼肉拌茄子泥 ✗

♥ 原料

茄子1/2个、净鱼肉30克。

♥ 做法

1 茄子洗净，放入沸水锅中蒸至熟烂，去皮压成茄子泥。

2 净鱼肉切成小粒，用沸水焯熟。

3 将晾凉后的茄子泥与净鱼肉粒混合，加入盐和香油调匀即可。

妈妈喂养经

鱼肉营养丰富，含有蛋白质、微量元素等，能促进宝宝脑部发育；茄子含有一定量的胡萝卜素、维生素B₂、维生素P、粗纤维、铁、钙、磷等，可以清热解毒、活血化瘀、利尿消肿。

鲜山药粥 🍴

💛 原 料 　 ● ⋆ ●
鲜山药30克、虾1只、大米30克。

💛 做 法 　 ● ⋆ ●
1 将大米洗净，浸泡1小时；鲜山药去皮，洗净，切成小块；虾去壳，去除沙线，洗净，切成小丁；备用。
2 锅中放入大米和适量水，煮沸后再加入鲜山药块，用小火煮60分钟。
3 放入虾肉丁，煮熟即可。

妈 妈 喂 养 经
　　鲜山药质地细腻、味道甜美，有丰富的淀粉和蛋白质，易于消化，可以补脾益胃，适合脾胃不太好的宝宝食用。

木瓜泥 🍴

💛 原 料 　 ● ⋆ ●
木瓜肉100克。

💛 做 法 　 ● ⋆ ●
1 将木瓜肉切碎，放入碗内，上锅隔水蒸10分钟至熟。
2 将木瓜取出，晾凉，然后用小勺搅成泥状即可。

妈 妈 喂 养 经
　　木瓜中含有一种酶，能消化蛋白质，有利于人体对食物的消化吸收，有健脾消食之功效。

水果蛋奶羹 🍴

💛 原 料 　 ● ⋆ ●
苹果、香蕉、草莓、桃子各20克，牛奶200毫升，鸡蛋1个。

💛 做 法 　 ● ⋆ ●
1 将桃子、苹果分别洗净，去皮、核，切块；草莓去蒂，洗净，切丁；香蕉去皮，切块；鸡蛋打散；备用。
2 将牛奶放入锅中煮至略沸，加苹果块、桃子块、草莓丁、香蕉块煮2～3分钟，淋入鸡蛋液，煮熟即可。

番茄洋葱鸡蛋汤 🍴

♥ 原 料 · ✿ ·

番茄、洋葱各50克，鸡蛋1个；海带清汤
适量。

♥ 做 法 · ✿ ·

1 番茄洗净，焯烫后去皮，切块；洋葱
  洗净，去外皮，切碎；鸡蛋打散，搅
  拌均匀。

2 锅置火上，放入海带清汤，大火煮沸
  后加入洋葱碎，转中火再次煮沸后，
  加入番茄块，再转小火煮2分钟。

3 锅里的番茄和洋葱汤煮沸后，加入鸡
  蛋液，搅拌均匀，煮熟即可。

妈妈喂养经

　　此道汤中加入适量的洋葱，可以刺激
胃、肠及消化腺分泌，增进食欲，特别适合
消化不良、食欲不振的宝宝食用。

香甜翡翠汤 🍴

♥ 原 料 · ✿ ·

香菇、鸡肉、豆腐、西蓝花各20克，鸡蛋1
个；高汤适量。

♥ 做 法 · ✿ ·

1 香菇泡发，去蒂，洗净，切成细丝；
  鸡肉洗净，切粒；豆腐洗净，用沸水
  焯过后压成泥；西蓝花洗净，用沸水
  焯烫熟后切碎；鸡蛋打散；备用。

2 锅内加高汤煮沸，下入香菇丝、鸡肉
  粒，再次煮沸后，下入豆腐泥、西蓝
  花碎和鸡蛋液，焖煮至熟即可。

鸡丝面片 🍴

♥ 原 料 · ✿ ·

鸡肉20克，面片、嫩油菜各30克；鸡汤
适量。

♥ 做 法 · ✿ ·

1 鸡肉洗净，切成片；嫩油菜洗净，
  切碎。

2 锅置火上，加适量鸡汤煮沸后，下入
  鸡肉片煮熟。

3 鸡肉片煮熟后捞出，晾凉，撕成丝，
  放回锅里，煮沸后，下入面片和嫩油
  菜碎，煮至熟烂后，加盐调味即可。

鲜肉馄饨🍴

💗 原 料 ･ ❀ ･

猪瘦肉100克、馄饨皮20张、鸡蛋1个；肉汤、紫菜各适量。

💗 做 法 ･ ❀ ･

1 猪瘦肉洗净，切末；紫菜洗净，撕碎；鸡蛋打散成蛋液；猪瘦肉末加鸡蛋液，搅拌成肉馅。

2 肉馅分成20等份，分别包在馄饨皮内，成20个馄饨生坯。

3 锅置火上，加适量肉汤煮沸后，放入馄饨生坯，煮至馄饨浮在水面上，撒上紫菜碎，略煮1～2分钟即可。

妈妈喂养经

给宝宝做的馄饨要包得小点，并且尽量煮得熟烂一些，这样利于消化。

鱼泥馄饨🍴

💗 原 料 ･ ❀ ･

鱼泥50克、馄饨皮6张、韭菜末20克。

💗 做 法 ･ ❀ ･

1 鱼泥加韭菜末做成馄饨馅，包入馄饨皮中，做成馄饨生坯。

2 锅内加水，煮沸后放入馄饨生坯，煮至馄饨浮在水面上即可。

妈妈喂养经

鱼泥富含蛋白质、不饱和脂肪酸及维生素，宝宝常吃可以促进生长发育。做成馄饨，会让宝宝更容易接受面食，以补充身体内所需要的碳水化合物。

酱汁面条 🍴

♥ 原 料

细面条20克；酱油、葱各适量。

♥ 做 法

1 葱洗净，切末；细面条掰碎。

2 锅内加水，滴入酱油后，大火煮沸。

3 下入细面条碎用中火煮熟，加入葱末即可。

妈妈喂养经

放调料只是要让宝宝感觉到一点味道，一定要少放，只要有淡淡的咸味就好。

鲜汤小饺子 🍴

♥ 原 料

小饺子皮6张、猪肉末30克、白菜50克；鸡汤、香菜叶各适量。

♥ 做 法

1 白菜洗净，切碎，与猪肉末混合搅拌成饺子馅。

2 取小饺子皮托在手心，把饺子馅放在中间，捏紧即可。

3 锅内加水和鸡汤，大火煮沸后，放入饺子，盖上盖，煮沸后揭盖加入少许凉水，敞着锅煮沸后再加凉水，如此反复加4次凉水后煮沸，加入香菜叶即可。

妈妈喂养经

白菜中所含的维生素A和硒，可促进宝宝发育成长和预防夜盲症，有助于增强宝宝体内白细胞的杀菌能力。

小笼包子 🍴

♥ 原 料

猪肉50克、发酵面团30克；香油、酱油、盐、白糖各适量。

♥ 做 法

1 猪肉洗净，剁碎，放入盆内，加入酱油、盐、白糖，分几次加清水，搅打均匀，最后加入香油拌匀，做成包子馅，备用。

2 发酵面团揪成剂子，擀成皮，包入肉馅，捏成包子生坯。

3 蒸锅加水煮沸，放包子生坯，大火蒸5分钟后转小火蒸20分钟即可。

小肉松卷 🍴

♥ 原 料

面粉50克，肉松20克；牛奶、发酵粉各适量。

♥ 做 法

1 将面粉和发酵粉混合，加入牛奶揉匀成面团。

2 将面团分成5等份，压扁，卷上肉松，做成花卷形状，放入蒸锅，大火将水煮沸后转中火蒸15～20分钟至熟即可。

番茄饭卷 🍴

♥ 原 料

软米饭80克，胡萝卜碎40克，番茄、鸡蛋各1个；葱末、植物油、盐各适量。

♥ 做 法

1 番茄洗净，去皮，切碎；将鸡蛋打至碗内，搅拌均匀。

2 油锅烧热，将鸡蛋液倒入，迅速旋转，摊成蛋皮。

3 另取一锅，倒油烧热，将胡萝卜碎、葱末炒香，然后放入软米饭和番茄碎，翻炒均匀后，加少许盐拌匀。

4 将炒好的米饭摊在蛋皮上卷起来，再切成小卷即可。

妈妈喂养经

　　番茄含有丰富的胡萝卜素、维生素C和B族维生素，且口味酸酸甜甜的，很适合宝宝食用。

鸡蛋饼 🍴

💙 原 料

面粉50克，番茄、鸡蛋各1个；盐、植物油各适量。

💙 做 法

1. 番茄洗净，去皮，切碎；鸡蛋磕入碗中打散，加入适量水、面粉，搅拌均匀，再加入盐、番茄碎，搅拌均匀成糊状。
2. 锅置火上，放植物油烧热，倒入搅好的鸡蛋面糊，煎至两面金黄色即可。

妈 妈 喂 养 经

鸡蛋含有丰富的蛋白质、脂肪、维生素和铁、钙、钾等人体所需要的矿物质，对宝宝神经系统和身体发育有利，能健脑益智，增强宝宝抵抗力。

甜发糕 🍴

💙 原 料

鸡蛋1个，面粉、玉米面各10克，蜡纸1张；白糖、牛奶、发酵粉各适量。

💙 做 法

1. 鸡蛋打散，边打散边加白糖，直至蛋液发白起泡；再将面粉、玉米面、发酵粉、牛奶一起加入搅拌均匀，做成柔软面坯。
2. 在蒸笼中铺1张蜡纸，将搅拌好的面坯铺在蜡纸上，放入蒸锅用大火蒸30分钟，取出晾凉，切块装盘即可。

妈妈喂养经

妈妈在打发蛋液的时候，一定要注意用力均匀，最好使用电动打蛋器，这样做出来的发糕更加松软，宝宝更喜欢吃。

土豆蛋泥饼

♥ 原 料 · ✿ ·

土豆50克、鸡蛋1个（取蛋清）、面粉30克；发酵粉、白糖、橘皮碎各适量。

♥ 做 法 · ✿ ·

1 土豆洗净，煮烂后去皮，压制成土豆泥，上面点缀上橘皮碎。

2 蛋清加白糖、面粉、发酵粉与土豆泥用力搅拌均匀后，放入盘内，上锅蒸20分钟即可。

肉泥洋葱饼

♥ 原 料 · ✿ ·

猪肉末20克、面粉50克、洋葱末10克；植物油、盐、葱末各适量。

♥ 做 法 · ✿ ·

1 猪肉末、洋葱末、面粉、盐、葱末，加水搅拌成糊状。

2 油锅烧热，将肉糊倒入锅内，慢慢转动，制成小饼煎熟即可。

枣泥软饭

♥ 原 料 · ✿ ·

红枣、大米各20克；牛奶100毫升。

♥ 做 法 · ✿ ·

1 红枣洗净，上笼蒸熟，去皮、核，剁成泥；大米用水淘洗干净。

2 将大米放入电饭锅中，加清水、牛奶焖20分钟至熟，拌入红枣泥，再焖2～3分钟即可。

妈 妈 喂 养 经

红枣富含蛋白质、脂肪、碳水化合物、胡萝卜素、B族维生素、维生素C，以及钙、磷、铁等矿物质，能补充宝宝所需的多种营养成分，补脾益胃，健脑益智，很适合营养不良的宝宝食用。

大米红豆软饭 🍴

❤ 原 料

红豆10克、大米30克。

❤ 做 法

1 红豆洗净，放入清水中浸泡1小时；大米洗净；备用。

2 红豆和大米一起放入电饭锅内，加入适量水，大火煮沸后，转中火熬至米汤收尽、红豆酥软时即可。

荸荠小丸子 🍴

❤ 原 料

荸荠20克、猪瘦肉50克；葱、姜、香菜、盐、香油各适量。

❤ 做 法

1 猪瘦肉洗净，切末；荸荠洗净，去皮，制成小丸子；葱、姜、香菜分别洗净、切碎。

2 将猪瘦肉末、葱末、姜末加盐调成肉馅，制成小肉丸。

3 锅内加水煮沸后，下入小肉丸、荸荠丸子，再次煮沸后转小火再煮2分钟，加入盐和香菜末，出锅前淋香油即可。

清蒸豆腐丸子 🍴

❤ 原 料

豆腐50克、鸡蛋1/2个（取蛋黄）；葱末、盐各适量。

❤ 做 法

1 把豆腐压成豆腐泥；蛋黄打至碗内，搅拌均匀。

2 蛋黄液混入豆腐泥，加葱末、盐拌匀，揉成豆腐丸子，然后上锅蒸熟即可。

妈妈喂养经

　　豆腐含钙量高，植物蛋白的含量也较高，包含了8种人体必需的氨基酸，还含有动物性食物缺乏的不饱和脂肪酸、卵磷脂等。多给宝宝吃豆腐，可以保护肝脏，促进机体代谢，增加免疫力并有解毒作用。但豆腐所含的大豆蛋白中的人体必需的氨基酸——蛋氨酸含量较低，如果单独食用，蛋白质利用率低，如搭配鸡蛋同食，则会使蛋氨酸得到补充，使整个氨基酸的配比平衡，提高蛋白质利用率。

猪肝圆白菜 🍴

♥ 原 料 · ⭐ ·

猪肝泥、豆腐各50克，胡萝卜1/2根，圆白菜叶1/2片；肉汤、淀粉、盐各适量。

♥ 做 法 · ⭐ ·

1 圆白菜叶洗净，放沸水中煮软；胡萝卜洗净，去皮，切成碎末。

2 豆腐洗净，和猪肝泥混合，并加入胡萝卜碎和少许盐，搅匀备用。

3 把猪肝泥豆腐放在圆白菜叶中间做馅，再将圆白菜卷起，用淀粉封口后放入肉汤内煮熟即可。

妈妈喂养经

此菜含有宝宝生长发育所需的优质蛋白质、脂肪、钙、铁和多种维生素。

豆腐太阳花 🍴

♥ 原 料 · ⭐ ·

豆腐100克、鹌鹑蛋1个、胡萝卜泥20克；植物油、葱末、盐、高汤各适量。

♥ 做 法 · ⭐ ·

1 豆腐洗净，用勺子在豆腐上挖出一个小坑，把鹌鹑蛋打入小坑中。

2 将胡萝卜泥围在豆腐旁，入蒸锅中蒸10分钟。

3 油锅烧热，爆香葱末，加入高汤煮成浓汁，加盐调味，淋到豆腐上即可。

虾菇油菜心 🍴

♥ 原 料 · ⭐ ·

鲜香菇10克、鲜虾仁20克、油菜心3个；植物油、盐、蒜末各适量。

♥ 做 法 · ⭐ ·

1 将鲜香菇、鲜虾仁、油菜心分别洗净，切碎。

2 锅内倒油烧热，加蒜末炒出香味，依次加入鲜香菇碎、鲜虾仁碎、油菜心碎煸炒，炒出香味后，加盐调味即可。

妈妈喂养经

油菜心富含热量、蛋白质、钙、磷、铁、钾、维生素A、B族维生素、维生素C等，是一种营养蔬菜；鲜香菇是一种高蛋白、低脂肪的健康食品，它的蛋白质中含有多种氨基酸，对宝宝有益；鲜虾仁则含有蛋白质、脂肪、碳水化合物等多种营养成分，具有补益身体的作用。

双色豆腐

♥ 原料

豆腐20克、猪血豆腐25克；鸡汤、盐、葱各适量。

♥ 做法

1 葱洗净，切末；猪血豆腐、豆腐分别洗净，切成小块，放入沸水锅中煮熟后，捞出沥水。
2 锅置火上，放入鸡汤、葱末，用中火煮至黏稠，加盐兑成芡汁。
3 将豆腐和猪血豆腐码在盘子里，倒入芡汁即可。

妈妈喂养经

此菜营养丰富，可帮助消化、增进食欲，而且对缺铁性贫血的宝宝还有一定的辅助治疗作用。

蔬菜小杂炒

♥ 原料

土豆片、蘑菇块、胡萝卜片、水发黑木耳块、山药片各15克；植物油、盐、香油、水淀粉、高汤各适量。

♥ 做法

1 油锅烧热，放入胡萝卜片、土豆片和山药片煸炒片刻，再放入适量高汤，转小火炖15分钟。
2 再加入蘑菇块和水发黑木耳块炖至酥烂，用水淀粉勾芡，加盐，淋上香油即可。

炒油菜

♥ 原料

油菜200克；植物油、盐、葱末、姜末各适量。

♥ 做法

1 油菜清洗干净，切段。
2 油锅烧热，炝香葱末、姜末，投入油菜段，加盐，大火炒熟即可。

三鲜炒粉丝 🍴

♥ 原料

粉丝50克，莴笋丝、干虾仁各20克，鸡蛋1
个；葱末、盐、植物油各适量。

♥ 做法

1 粉丝用水浸泡，剪段；干虾仁用水泡
  发后切碎；鸡蛋打散，加盐拌匀。

2 油锅烧热，将鸡蛋液摊成蛋饼，晾凉
  后切成丝。

3 锅中倒油烧热后，放入干虾仁碎、葱
  末煸香，倒入莴笋丝翻炒，加少许
  水、盐调味，最后放入鸡蛋丝、粉丝
  炒煮即可。

番茄大虾 🍴

♥ 原料

大虾100克、番茄酱20克；姜丝、植物油、
盐、水淀粉各适量。

♥ 做法

1 大虾从背部剪开，去掉沙线，洗净，用
  干净的软布拭干水分；番茄酱加入盐、
  水淀粉、少量清水搅匀。

2 锅内放油烧热，用姜丝炝锅，加入大
  虾翻炒至两面变红，倒入番茄酱汁，
  翻炒均匀，用中火焖5分钟即可。

白焯虾丸 🍴

♥ 原料

虾丸10个。

♥ 做法

1 虾丸用清水洗一下。

2 锅中加水，煮沸，放入虾丸，煮熟即可。

Part **6**

宝宝牙齿初成期（1～1.5岁）

Chapter 1 宝宝身心发育监测

🐰 1～1.5岁宝宝身体发育水平

在1～1.5岁时，宝宝最主要的特征就是在自立与依赖之间摇摆不定。因此，这一段时期，既要允许宝宝在某些方面依赖爸爸妈妈，使宝宝小小的心灵得到安慰，又要鼓励宝宝向自立的方向发展。

初学走路的宝宝容貌的改变比身高体重变化大得多。12个月时，他虽然会走路或会说几句话，但看起来仍像一个婴儿。头部和腹部仍然是身体的最大部位。站立时，他的腹部仍然突出，比较而言，他的臀部仍然很小，他的腿和胳膊既软又短，好像没有肌肉，面部软而圆。但是，当宝宝到了1岁以后，其生长和发育就显得慢了一些。

● 身 高

在1～1.5岁时，男宝宝的身高为79～89厘米，女宝宝的身高为78～88厘米，比刚满周岁时要增加10厘米左右。

● 体 重

在1～1.5岁时，男宝宝的体重为10.73～12.64千克，女宝宝的体重为10.11～11.92千克。

● 头 围

这段时间，男宝宝的头围为47.09～48.44厘米，女宝宝的头围为46.01～47.39厘米。

● 牙 齿

这段时间，宝宝的牙齿继续生长，1岁有4～8颗牙，1.5岁时，多数宝宝都将萌出16颗小牙，且第二乳磨牙应萌出。

◯ 囟门

宝宝的前囟门在1.5岁的时候多数都应闭合，如果不闭合，请及时找医生咨询。

🐰 宝宝的心理变化

宝宝开始出现一些表象。所谓表象，就是指人头脑中所保持的客观事物的形象。比如，1岁多的宝宝会在头脑中回忆起妈妈，看到与妈妈相关联的东西也会想起妈妈，1岁多的宝宝爱哭，可能正是因为宝宝的表象和回忆有所发展了，所以不能一味地指责宝宝不听话、任性等。

🐰 宝宝的语言能力

宝宝1岁时能掌握10～20个词，以后逐渐发展到50个或更多的词汇。到2岁时掌握的语言越来越丰富，能记住200个左右单词。对于物品的名称、爸爸妈妈的教导，叙述性的语言都能记忆，并可简单对话。1～1.5时宝宝的语言能力快速发展，能说出家庭日常生活用品的名称，如毛巾、电视机、脸盆等；要某一物品时，能说出名称并用手指出；每个月都能多说一些词。

🐰 宝宝的第一步

宝宝学走路时总是摇摇晃晃的，还要伸出双臂来保持平衡。

开始学步的宝宝从一个支点开始，笨拙地一步一步向前挪动。学步初期，宝宝全然不顾跌倒、受伤的危险。家长一定要站在宝宝的背后，双手扶住他的两只胳膊，一起走。慢慢过渡到领着他的一只手走，当这样走好时，放手让宝宝自己走。

🐰 爱撒娇，不听话

一些刚满周岁的情感外向的宝宝，当自己的目的达不到时，常常会用肢体动作进行宣泄，如跺脚、躺在地上打滚儿等。实际上，这是极其自然的表现方法。但很多妈妈在这种情况下就会屈服，满足宝宝的愿望。这就如同告诉宝宝，只要使劲哭闹，所有的事情都能如愿以偿。

对于这种情况，妈妈一定要十分清楚，第一次最为关键。当宝宝躺在地上边哭边挥臂蹬腿时，妈妈要装作没看见，等他消耗体力，过一会儿，宝宝就会渐渐安静下来，再过一会儿，他就会自己起来的。但这种情况往往会被过路的阿姨、婶婶，或者爷爷奶奶等人打断。妈妈只要屈服了一次，以后再想采取不理睬的方式对待宝宝，宝宝也不会轻易放弃，因为他知道最后他会成功的。

另外，有些宝宝更为难缠，比如当他的愿望得不到满足时，他会往墙上或地板上撞头。这样一来，几乎每个妈妈都会心疼，一方面怕宝宝太疼，另一方面又怕影响大脑发育，于是就妥协了。其实，对待宝宝撒娇的办法，最好是设法让宝宝的体力在户外得到充分的消耗，带他到户外玩，而不是通过给宝宝点心等方法来"收买"他。

Chapter 2 宝宝营养与照护要点

宝宝的零食怎么吃

吃零食是宝宝的一大乐趣，而且零食可以在两餐之间补充宝宝的能量消耗。因此，多数家长都会给宝宝准备很多零食。但是零食也有很多弊端，比如它含糖高，易损害牙齿，如果含有奶油，还容易使宝宝发胖。那么，对于1岁多的宝宝，零食该如何给呢？

● 多给宝宝吃水果

对于一日三餐都能很好地吃，且体重也已经超过13千克的宝宝，尽量不要给他吃零食了，而应该适当地给些应季水果。富含能量的面包、土豆片、爆米花等最好不吃，牛奶糖、巧克力等热量高的零食要少吃。

● 吃零食的时间要定好

家长给宝宝买了零食之后，要尽量放在宝宝看不到的地方，以免每次看见都要吃。零食应在两餐之间，以免距离正餐时间太近影响食欲，而且一天之内，给零食的次数不要超过3次。

● 少选油炸、含糖过多或过咸的零食

宝宝的零食要少选油炸、含糖过多或过咸的零食。油炸食品容易让宝宝发胖；过甜的零食，尤其是黏性甜食，容易形成牙菌斑，使牙齿脱钙、软化，形成龋齿；而过咸的食品不仅会对宝宝

的咽喉产生刺激，还会加重肾脏的负担。除此之外，给宝宝选择零食，还要考虑到安全因素，要注意食物的形状、硬度、大小等，应符合宝宝的生理特点，防止食物呛入呼吸道引发危险，比如吃花生仁、瓜子和核桃仁等零食时，一定要在家长的看护和指导下进食。

宝宝膳食多样化

1岁多的宝宝生长发育仍然相当快，所以应供给足够的能量和优质蛋白质，膳食的安排要尽量做到花色品种多样化。荤素搭配，粗细粮交替，平衡安排各种食物，如鱼、肉、蛋、豆制品、蔬菜、水果等。每天最好仍旧给予1～2杯牛奶，每天3餐另外加1～2顿小点心。

合理应对宝宝的不良饮食习惯

很多妈妈注意到，1岁后的宝宝常对食物很挑剔，刚吃一点就将头扭向一边，或者干脆拒绝到餐桌旁就餐。遇到这种情况，妈妈不必过于焦虑，可在每次吃饭时多准备一些有营养的食物，让他自己选择想吃的食物，并尽可能变化口味。

如果宝宝还是什么也不吃，那干脆将食物先收起来，在他感到饥饿的时候再给他吃。但是，家长需要注意的是，在他拒绝吃饭以后绝对不要给他吃饼干和甜点，否则，长期这样下去，宝宝只会对零食感兴趣，对正常的一日三餐饮食不感兴趣。

烹调方式的选择

在为宝宝准备膳食时，由于不同的烹调方法对食品的营养成分可造成不同的影响，所以对不同性质的食品宜采用不同的烹调方法，这样才能最大限度地减少营养损失。

煮

这种方法可使食品里的碳水化合物及蛋白质在汤中发生水解，而对脂肪则没有明显的影响。煮过的食物，有助于人体对淀粉性食物和蛋白质的充分吸收。但水煮也有一些弊端，比如会使水溶性维生素和钙、磷等无机盐溶于水中，造成营养流失；蔬菜用水煮时，会使30%的维生素C 遭到破坏，另外30%溶于菜汤内；其他耐热性不强的B族维生素也会遭到破坏。

蒸

在烹调过程中除无机盐不会因蒸而流失外，其他如维生素等营养物质的损失与煮基本相似。

焖

这种烹调方法可使维生素C和B族维生素有较大的损失，但可提高人体对其他营养素的消化利用。

卤

水溶性维生素和无机盐部分溶于汁中，可减少食物中的小部分脂肪，使烹调后的食物更容易消化。

煎

煎的温度比煮要高，但烹调时间较短，因而维生素损失较少。

炒

烹调时急火快热，因此除维生素C损失较多外，其他维生素保持较完全。但干炒黄豆时，会破坏部分蛋白质、脂肪、碳水化合物及维生素。

熘

熘与炒相似，只是熘时往往要加醋、勾芡，这可对维生素起到保护作用。

炸

炸法因油温较高，一切营养物质均可遭到不同程度的破坏。但如果在挂糊上浆后炸制，则可部分避免上述损失。

● 烤

烤可分为明火烧烤和间接烘烤两种。明火烧烤对维生素A、B族维生素、维生素C的破坏较重，脂肪和蛋白质易变性；间接烘烤会使原料变硬结层，可减少内部各种营养成分的损失。

● 蒸或烙

制作面食时，最好采用蒸或烙的方法，不要用油去炸面食。尤其是玉米粉，因为其中的维生素含量本身较低，而且又不容易被宝宝的肠道吸收，如果用油炸，就会使营养素含量更少了。可把玉米粉做成玉米粥、小窝窝头。这样，不仅可具有宝宝喜爱的颜色和香味，而且吃了也容易消化。

🐰 宝宝的健脑食品

为了让宝宝更聪明，妈妈应在宝宝的饮食安排上适量增加健脑食物，以下食物都对宝宝的大脑发育有很大好处。

● 鲜鱼

鲜鱼中钙、蛋白质和不饱和脂肪酸的含量都很丰富，可分解胆固醇，使脑血管通畅，是最佳的儿童健脑食物。

● 牛奶

牛奶中富含钙和蛋白质，可为大脑提供各种氨基酸，适量饮用牛奶，也能增强宝宝大脑的活力。

● 蛋黄

蛋黄中含有的胆碱和卵磷脂等是脑细胞所必需的营养物质，宝宝多吃些蛋黄能给大脑带来活力。

● 黑木耳

木耳中含有丰富的纤维素、蛋白质、碳水化合物、矿物质和维生素等，也是补脑健脑佳品。

● 大豆

宝宝每天适量食用一些大豆或豆制品可以补充卵磷脂和丰富的蛋白质等营养物质，能很好地增强大脑的记忆力。

● 香蕉

香蕉中钾离子的含量很高，且含有丰富的矿物质，宝宝常吃也有一定的健脑作用，且可以预防便秘。

● 核桃仁

核桃是公认的健脑食品，它含有钙、蛋白质和胡萝卜素等多种营养，对宝宝的大脑发育极为有益。

● 杏

杏含有丰富的维生素A和维生素C，宝宝吃杏，可以改善血液循环，保证大脑供血充分，从而增强大脑功能。

● 圆白菜

圆白菜中含有丰富的B族维生素，能够很好地预防大脑疲劳。

此外，玉米、小米、洋葱、胡萝卜、香菇、金针菜、土豆、海带、黑芝麻、栗子、苹果、花生仁，以及动物的脑和内脏等也都是较为理想的儿童健脑食物。

如何合理搭配宝宝的主食

不少家庭，在给宝宝的膳食安排上存在着很多问题，尤其是主食不够重视，搭配不够合理。

目前，大多数家庭都吃精大米、精白面。从口味上来说，精大米、精白面比粗粮可口；但从营养上来说，粗粮的营养价值要比精大米、精白面高得多。营养研究表明，稻米和小麦的营养成分大部分集中在胚芽、糠麸和米的表面部分，加工越精细，营养素的损失就越大，特别是维生素B$_1$和维生素E，这两种维生素都是人体必需的。另外，粗粮中还含有大量的纤维素，可吸收水分和肠道内的有毒物质，对预防便秘和肠道肿瘤都有很好的作用。因此，不应长时间地给宝宝吃精大米、精白面，而是要经常吃些标准米、面。

此外，一些杂粮如玉米、小米、高粱等，虽然其蛋白质含量不高，但含有较多胡萝卜素、B族维生素、矿物质和纤维素，对人体有利。所以宝宝的主食应粗细搭配，不仅有利于儿童的生长发育和健康，同时还可变换口味，使孩子有新鲜感，避免偏食。

1～1.5岁宝宝的饮食特点

宝宝到1.5岁时，随着其消化功能的不断完善，饮食的种类和制作方法开始逐渐向成人过渡，以粮食、蔬菜和肉类为主的食物开始成为幼儿的主食。不过，此时的饮食还是需要注意营养平衡和易于消化，不能完全吃成人的食物。给宝宝做饭时要将食物做得软些，早餐时不要让宝宝吃油煎的食品，如油条、油饼等，而要吃面包、饼干、鸡蛋、牛奶等，每天的奶量最好控制在250毫升左右。在奶量减少后，每天要给宝宝吃两次点心，时间可以安排在下午和晚上，但不要吃得过多，否则会影响宝宝的食欲和食量，时间长了，会导致宝宝营养不良。

1～1.5岁宝宝的饮食安排

1～1.5岁的宝宝虽然已经可以和爸爸妈妈一样吃主食了，但仍应单做。这个阶段宝宝的食品以米、面等谷类食物为主，因为谷类是热能的主要来源。宝宝所需蛋白质主要来自肉、蛋、乳类和鱼等食物；钙、铁和其他矿物质主要来自蔬菜，部分来自动物类食物；维生素主要来自水果和蔬菜。

此时宝宝的胃容量为200～300毫升，这就限定了他们每次的进餐量。这个阶段的宝宝每天可进餐4～5次，每天3餐，每餐间隔约为4小时，两餐之间加些点心。1～1.5岁的宝宝每天主食品约100克，肉、鱼、蛋、奶约100克，青菜50～100克；两餐之间的点心、水果供应量50克左右。由于宝宝食量有限，为保证摄取充足的营养，鱼、肉、蛋类要吃得多些，可少吃些豆制品；蔬菜供应多些，可以适当减少些水果；副食吃得多些，主食可少吃一些。

Chapter 3 护牙期软烂型辅食

芝麻拌芋头

♥ 原料
芋头1/2个、熟芝麻10克。

♥ 做法
1 芋头洗净，入沸水中煮熟，取出晾凉，去皮，捣成泥状。
2 芝麻放入碗中，加入芋头泥拌匀即可。

蒸红薯芋头

♥ 原料
红薯、芋头各30克。

♥ 做法
1 红薯和芋头分别洗净，入蒸锅中隔水蒸熟，取出晾凉。
2 红薯和芋头分别去皮，拿勺背压成泥状，拌匀即可。

豆腐鱼蒸蛋

♥ 原料
鱼肉、豆腐各30克，鸡蛋1个。

♥ 做法
1 鱼肉剁碎；豆腐洗净，捣碎。
2 鸡蛋打至碗里，搅拌均匀，加水搅匀之后加入鱼肉碎和豆腐碎拌好。
3 锅内加水煮沸，把盛满鸡蛋液的容器放入锅内，蒸10分钟即可。

蛋花麦仁粥🍴

♥ 原料

麦仁30克、鸡蛋1个；白糖适量。

♥ 做法

1 鸡蛋打散，搅匀。

2 麦仁用温水泡软后倒入锅中，用小火煮熟。

3 将鸡蛋倒入麦仁中，煮熟，加入白糖轻轻搅拌即可。

水果西米露🍴

♥ 原料

猕猴桃15克、草莓20克、哈密瓜30克、西米50克；速溶椰子粉适量。

♥ 做法

1 猕猴桃去皮，切块；草莓洗净，切丁；哈密瓜去皮、籽，切丁。

2 锅内放清水，将西米煮熟。

3 用沸水将椰子粉冲开，加入煮好的西米、切好的水果，混合均匀即可。

梨汁糯米粥🍴

♥ 原料

雪梨1个、糯米50克；冰糖适量。

♥ 做法

1 将雪梨去皮、籽，捣碎，去渣留汁；糯米洗净；备用。

2 锅置火上，倒入糯米、冰糖和雪梨汁，大火煮沸，再转小火熬至汤粥黏稠即可。

妈妈喂养经

　　雪梨营养丰富，含有蛋白质、脂肪、碳水化合物以及多种维生素和矿物质，生吃可以去火，煮着吃可以润肺。

双米银耳粥 🍴

♥ 原料

大米、小米、水发银耳各20克。

♥ 做法

1 大米和小米分别淘洗干净；水发银耳择洗干净，撕成小朵。
2 锅内放清水，放入大米、小米，大火煮沸，放入银耳，转中火煮熟即可。

妈妈喂养经

大米具有补脾、和胃、清肺的功效；小米含有许多维生素和无机盐；银耳是一种富含粗纤维的食品。3种原料煮成的粥，营养丰富，口感软糯，可以经常给宝宝吃。

鸭肉米粉粥 🍴

♥ 原料

鸭肉、米粉各50克；植物油适量。

♥ 做法

1 鸭肉洗净，剁碎。
2 用凉水将米粉调开，倒入锅内，加温水拌匀，煮沸后，加鸭肉，煮熟即可。

妈妈喂养经

鸭肉中钾、铁、铜、锌等微量元素的含量都较丰富；米粉富含B族维生素，能温暖脾胃，补中益气。此粥对脾胃虚寒、食欲不佳、腹胀腹泻有一定缓解作用。

牛肉粥 🍴

💛 原 料

玉米粒、牛肉、大米各25克；盐适量。

💛 做 法

1 牛肉洗净，剁成泥；大米、玉米粒分别淘洗干净。

2 锅置火上，加适量清水，放入大米和玉米粒，煮10分钟后放入牛肉泥，煮沸后转小火熬成粥，加盐调味即可。

鸡肉油菜粥 🍴

💛 原 料

鸡肉50克、大米15克、油菜10克；盐适量。

💛 做 法

1 大米洗净，浸泡1小时；油菜洗净，切末；鸡肉洗净，剁泥。

2 锅置火上，加大米和水，大火煮沸，再转小火将粥煮至黏稠。

3 放入鸡肉泥煮熟，撒入油菜末略煮，加盐调味即可。

飘香紫米粥 🍴

💛 原 料

大米、紫米各25克；芝麻、山楂糕、红糖各适量。

💛 做 法

1 芝麻炒香备用；山楂糕切碎。

2 紫米、大米分别淘洗干净，加适量清水入锅中，大火煮沸，再转小火煮至粥黏稠。

3 把炒过的芝麻、红糖放进粥内，搅拌均匀，出锅前撒上山楂糕碎即可。

妈妈喂养经

此粥非常适合消化不良的宝宝食用，但切记不要多吃，否则容易引起胃酸。

鱼菜米糊 🍴

♥ 原料 ⚬ ❀ ⚬

米粉30克、鱼肉20克、油菜50克；盐适量。

♥ 做法 ⚬ ❀ ⚬

1 米粉用凉水调开，搅拌成糊；油菜洗净，切碎；鱼肉洗净，剔去骨、刺，剁成鱼肉泥。

2 锅置火上，将米粉糊倒入锅中，大火煮5分钟至沸；再加入鱼肉泥和油菜碎，中火煮熟，出锅前放少许盐调味即可。

妈妈喂养经

鱼肉中含有丰富的蛋白质、氨基酸、维生素及磷脂，它们都是人脑营养的必需元素，对宝宝的大脑发育极为有益。

黑木耳银鱼馒头糊 🍴

♥ 原料 ⚬ ❀ ⚬

水发黑木耳20克、银鱼50克、馒头100克；盐、高汤各适量。

♥ 做法 ⚬ ❀ ⚬

1 馒头去皮，撕碎块；水发黑木耳洗净，撕成小块；银鱼洗净。

2 锅置火上，加高汤大火煮沸，加银鱼、黑木耳块，再转小火煮20分钟。

3 加馒头碎稍煮，加盐调味即可。

妈妈喂养经

馒头一定要去皮，否则容易卡到宝宝，也不易消化。本道菜中的银鱼属于高蛋白低脂肪食物，可补脾胃，清肺利水，特别适合体质虚弱、营养不足、消化不良的宝宝食用。

番茄牛肉羹🍴

♥ 原料
番茄50克、牛肉40克；水淀粉、盐各适量。

♥ 做法
1 牛肉洗净，切末，加入水淀粉搅拌均匀；番茄洗净，去皮，切片。
2 锅中加适量清水，煮沸后放入牛肉末，用小火炖熟。
3 锅中加入适量水，用大火煮沸后，加入牛肉末和番茄片，煮熟，用水淀粉勾芡，出锅前再加盐调味即可。

妈妈喂养经
番茄和牛肉是最好的搭配，番茄能够让牛肉软烂，宝宝吃起来也很容易消化吸收，口味宝宝也会喜欢。

虾仁豆花羹🍴

♥ 原料
虾仁4只、豆腐干60克、鸡蛋1个；盐、高汤、水淀粉各适量。

♥ 做法
1 鸡蛋打散成鸡蛋液；虾仁去除沙线，洗净；豆腐干洗净，切丁。
2 高汤烧沸后，放入虾仁煮沸，加水淀粉勾芡后放入豆腐干丁，略煮一下，加盐调味，倒入鸡蛋液搅匀，煮熟即可。

妈妈喂养经
鲜虾仁营养十分丰富，是人们饮食中蛋白质的重要来源之一；豆腐干含有人体需要的多种氨基酸，能养心润肺。两者搭配，可助宝宝强身健体。

油菜三丝羹🍴

♥ 原料
油菜、香菇、海带各25克，猪肉20克；盐适量。

♥ 做法
1 油菜、海带、猪肉分别洗净，切碎；香菇洗净，去蒂，切碎。
2 锅中加水煮沸，放入油菜碎、海带碎、猪肉碎、香菇碎煮熟，出锅前放盐调味即可。

妈妈喂养经
油菜营养丰富，富含钙、磷、镁、胡萝卜素等多种维生素及膳食纤维，宝宝多吃油菜对身体发育非常有好处。

海带肉末羹

♥ 原料

海带30克、肉末20克；盐适量。

♥ 做法

1 海带洗净后切成细丝，然后剁碎，混入肉末搅拌均匀。

2 锅内加水煮开后，放入上述拌匀的海带肉末，边煮边搅，煮开3分钟后，放一点点盐调味即可。

鸡蛋茄子羹

♥ 原料

茄子50克、鸡蛋1个；盐适量。

♥ 做法

1 茄子用水煮熟，取出，晾凉，去皮，去头、尾，压成茄子泥；鸡蛋打到碗里搅拌均匀。

2 将茄子泥与鸡蛋液、盐搅拌均匀后，放在碗里。

3 蒸锅置火上，加适量清水煮沸后，将混合鸡蛋液放入蒸锅内，用中火蒸6分钟即可。

山药红豆羹

♥ 原料

山药、红豆各20克；白糖、糖桂花、水淀粉各适量。

♥ 做法

1 山药去皮，洗净，切粒，煮熟；红豆洗净，入清水中浸泡30分钟。

2 锅置火上，放入红豆和适量清水用大火熬煮，待红豆煮烂时，放入熟山药粒，加入白糖，用水淀粉勾芡，撒上少许糖桂花即可。

妈妈喂养经

山药能健脾胃、益肾气，具有补脾养肾、增强抵抗力的效用，适合体虚以及食欲不振的宝宝吃。

鸡蛋黄瓜面片汤🍴

💗 原料

鸡蛋1个、黄瓜1/2根、面片20克；盐适量。

💗 做法

1 黄瓜洗净，切薄片；鸡蛋打至碗里，搅匀。

2 锅内加入适量清水，煮沸后，下入面片，搅拌均匀，加黄瓜片、鸡蛋液，中火煮10分钟，加盐调味即可。

白萝卜疙瘩汤🍴

💗 原料

白萝卜、面粉各30克，鸡蛋1个；盐适量。

💗 做法

1 白萝卜洗净，去皮，切丝。

2 面粉里加少许水，朝一个方向搅拌，搅拌出小疙瘩；鸡蛋打散，搅拌均匀。

3 锅中加适量水，大火煮沸后，下入面疙瘩，边下边搅，加白萝卜丝，用中火煮熟，缓缓下入鸡蛋液，煮熟，加盐调味即可。

白萝卜丝汤🍴

💗 原料

白萝卜50克；盐适量。

💗 做法

1 白萝卜洗净，去皮，切细丝。

2 锅中放入适量清水，烧沸后放入白萝卜丝，煮熟，加盐调味即可。

猪排骨白菜汤 🍴

💛 **原料** ....✿.

猪排骨200克、白菜叶150克；盐适量。

💛 **做法** ....✿.

1. 猪排骨洗净，斩段，入沸水中焯烫，捞出沥水；白菜叶洗净，切丝。
2. 锅中放入排骨段和清水，大火煮沸后转小火炖40分钟至软烂，捞出排骨，沥干水，剔除骨头后，把肉切碎。
3. 将肉碎再放入汤锅中，加入白菜丝，用小火煮熟，加盐调味即可。

黄瓜虾皮汤 🍴

💛 **原料** ....✿.

虾皮10克、黄瓜60克、紫菜30克；盐适量。

💛 **做法** ....✿.

1. 黄瓜洗净，切片；紫菜洗净，撕碎。
2. 锅中加适量清水煮沸，下虾皮。
3. 加入黄瓜片和紫菜碎，转小火煮3分钟，加盐调味即可。

丝瓜香菇汤 🍴

💛 **原料** ....✿.

丝瓜60克、香菇5克；盐适量。

💛 **做法** ....✿.

1. 丝瓜洗净，去皮，切开，去瓤，切片；香菇用温水发好，洗净，切片。
2. 锅中加适量清水煮沸，下香菇片煮熟，加入丝瓜片煮熟，加盐调味即可。

豆蓉面片汤 🍴

♥ 原料 · 🌸 ·

猫耳朵面片50克、白扁豆20克、青椒10克；番茄酱、盐各适量。

♥ 做 法 · 🌸 ·

1. 白扁豆洗净，放在沸水锅内煮熟，捞出沥水，压成泥；青椒洗净，切成丁。
2. 锅置火上，加水煮沸后，下猫耳朵面片煮熟，捞出沥水。
3. 锅中加青椒丁，加水煮沸，下面片、番茄酱、白扁豆泥煮沸，加盐调味即可。

妈 妈 喂 养 经

白扁豆味甘，有健脾化湿、利尿消肿、清肝明目的功效，很适合消化不良的宝宝食用。

丝瓜虾皮汤 🍴

♥ 原料 · 🌸 ·

丝瓜1根、虾皮10克、紫菜30克；盐适量。

♥ 做 法 · 🌸 ·

1. 丝瓜去皮，洗净，切片。
2. 锅中加适量水，煮沸后，加入丝瓜、虾皮、紫菜，煮熟即可。

妈妈喂养经

钙是促进宝宝骨骼和牙齿生长发育的主要矿物质，1岁多的宝宝正处在长骨骼和长牙齿的关键阶段，补充钙质非常重要。多给宝宝喝此汤，可以补钙。

玉米菜心

原料

玉米粒30克、菜心20克；盐适量。

做法

1 玉米粒洗净；菜心洗净，切粒。
2 玉米粒、菜心粒放入沸水中煮熟，捞出装盘。用盐调味即可。

鸡肉拌南瓜

原料

鸡肉20克、南瓜15克；盐、酸乳酪、番茄酱各适量。

做法

1 鸡肉洗净，放入加盐的沸水中煮熟，捞出撕成细丝。
2 南瓜洗净，去皮、瓤，切丁，入沸水锅中隔水蒸熟取出。
3 把鸡丝和南瓜丁放入碗中，加入酸乳酪、番茄酱拌匀即可。

韭黄炒鸡柳

原料

韭黄段50克，鸡脯肉30克，红椒丝10克；植物油、盐、白糖、鸡蛋清、小葱段各适量。

做法

1 鸡脯肉洗净，切条，加入鸡蛋清、盐腌渍片刻，过油，备用。
2 油锅炝小葱段，加入白糖翻炒，再放入鸡肉条、韭黄段、红椒丝炒匀即可。

妈妈喂养经

　　此道菜营养丰富，不仅含有多种维生素、矿物质与微量元素、蛋白质，还有有益人体的膳食纤维、不饱和脂肪酸和卵磷脂等，可促进宝宝消化吸收。

凉拌空心菜✎

💛 原 料 ● ✿ ●

空心菜50克；醋、盐、香油各适量。

💛 做 法 ● ✿ ●

1 空心菜择洗干净后，放入加了盐的沸水中焯一下捞出来，沥干水，切段；培根切成末。

2 将空心菜放在大碗里加醋以及香油拌匀即可。

肉末拌丝瓜✎

💛 原 料 ● ✿ ●

丝瓜1根、熟肉末20克；盐适量。

💛 做 法 ● ✿ ●

1 丝瓜去皮，洗净，切成丝，用沸水焯一下。

2 将焯过的丝瓜丝盛入盘中，拌入熟肉末，加入盐搅拌均匀即可。

鸡肉西蓝花✎

💛 原 料 ● ✿ ●

鸡肉20克、西蓝花50克；盐、葱末、植物油各适量。

💛 做 法 ● ✿ ●

1 鸡肉洗净，剁成末，用盐腌渍；西蓝花洗净，切小块，用沸水焯烫，捞出，沥干。

2 锅内放油烧热，下鸡肉末滑散，待变色，下西蓝花块、葱末，翻炒2分钟，出锅前加盐调味即可。

蜜饯胡萝卜

♥ 原料

胡萝卜500克、蜂蜜150克。

♥ 做 法

1 胡萝卜去皮，洗净，切成丁，放入沸水中焯一下，沥干水分，放在阳光下晾晒一日；焯过胡萝卜的水留下来备用。

2 将胡萝卜丁放入原来焯过的水中，小火煮沸，继续煮20分钟至水干，待冷却后，拌入蜂蜜即可。

妈妈喂养经

蜜饯胡萝卜有宽中消食、理气化痰的作用，特别适用于宝宝饮食不消化、腹胀、反胃、呕吐等症。

蘑菇奶油烩青菜

♥ 原料

油菜50克、鲜蘑菇40克、白菜30克；酸奶、盐、胡椒粉、香油、黄油、奶油各适量。

♥ 做 法

1 白菜洗净，切丝，焯水；油菜洗净，放入沸水锅中焯熟，切成小段，与白菜丝拌匀。

2 蘑菇洗净，切碎，放在炒锅内，倒入奶油熬成蘑菇奶油汤。

3 将蘑菇奶油汤与酸奶、香油、盐、胡椒粉混匀成调料。

4 另取一锅置火上，加适量黄油烧热后，下入白菜帮丝、油菜段和蘑菇奶油汤，边搅拌边煮5分钟至熟即可。

素炒豆腐🍴

♥ 原料

豆腐、鲜冬菇各50克，胡萝卜、黄瓜各20克；葱末、姜末、盐、香油、植物油各适量。

♥ 做法

1 豆腐洗净、压碎；鲜冬菇去蒂，洗净，切小块；胡萝卜洗净，去皮，切小丁；黄瓜洗净，切末。
2 锅内放油烧热，用葱末、姜末炝锅，随后加入豆腐碎、冬菇块、胡萝卜丁、黄瓜末煸炒透，加入盐调味，淋入香油即可。

八珍豆腐🍴

♥ 原料

嫩豆腐丁200克，扇贝丁、木耳末、虾仁丁、香菇末、咸肉丁各5克，芋头2个，咸蛋黄1个；植物油、葱花、蚝油各适量。

♥ 做法

1 扇贝丁蒸软，剁成泥状；咸蛋黄用勺背压成泥；芋头煮熟，去皮，切成小丁。
2 油锅烧热，炝香葱花，下扇贝泥、虾仁丁、咸蛋黄泥、咸肉丁、豆腐丁、芋头丁、木耳末、香菇末煸炒，加水、蚝油煲片刻即可。

素蒸冬瓜盅🍴

♥ 原料

冬瓜50克，冬笋末、水发冬菇末、口蘑末各10克；植物油、生抽、冬菇汤、香油、白糖、水淀粉各适量。

♥ 做法

1 油锅烧热，放入冬菇末、冬笋末、口蘑末煸炒，再加生抽、白糖、冬菇汤，烧沸后用水淀粉勾厚芡，冷却后制成馅。
2 冬瓜洗净，去皮，在肉厚处挖出圆柱形，焯水后抹香油，填入馅，放盘中，蒸10分钟即可。

妈妈喂养经

　　冬瓜含有丰富的碳水化合物、胡萝卜素及多种维生素，且钙、磷、铁、钾盐含量高，对宝宝身体发育非常有益，还可清热解毒、利水消痰。

双菇炒丝瓜

♥ 原 料

鲜口蘑、香菇各50克，丝瓜1根；姜末、盐、植物油各适量。

♥ 做 法

1 丝瓜去皮，洗净，切成小段。

2 将鲜口蘑和香菇洗净，在水里浸泡片刻后，分别切成薄片。

3 炒锅内加植物油，烧至六成热时，下入姜末炝锅，然后放入口蘑片和香菇片煸炒后，加入适量水，用大火炖煮。

4 水煮沸后，倒入丝瓜段，加盐煮至汤尽入味即可。

香菇炒三素

♥ 原 料

鲜香菇、胡萝卜、山药各30克，圆白菜100克；盐、植物油各适量。

♥ 做 法

1 将鲜香菇、圆白菜、胡萝卜分别洗净，切成薄片；山药去皮，洗净，切成薄片。

2 油锅烧热，先放入胡萝卜片、香菇片翻炒片刻，再放入圆白菜片、山药片，炒熟后，加盐调味即可。

妈 妈 喂 养 经

这道菜富含维生素C，香菇与胡萝卜、圆白菜等的搭配，提高营养功效。

胡萝卜拌莴笋

♥ 原 料

胡萝卜、莴笋各50克；盐、香油各适量。

♥ 做 法

1 胡萝卜去皮，洗净，切片；莴笋洗净，切片。

2 锅置火上，放入适量水煮沸后，下胡萝卜片和莴笋片焯熟，捞出沥干水分。

3 将胡萝卜片和莴笋片放入碗内加盐、香油拌匀即可。

七彩香菇🍴

♥ 原 料 · 🌸 ·

香菇、木耳各10克，青椒、红椒、冬笋各
50克，绿豆芽5克；盐、水淀粉、植物油
各适量。

♥ 做 法 · 🌸 ·

1 青椒、红椒、冬笋分别洗净，切成
细丝。

2 香菇、木耳洗净，用温水泡发，切
块；绿豆芽洗净。

3 锅内倒植物油烧热，放入青椒丝、红
椒丝、冬笋丝、绿豆芽、水发木耳块
煸炒，再加水和盐略煮，用水淀粉勾
芡成味汁。

4 锅内倒植物油烧热，将香菇块放入炒
一下，盛出后浇上味汁即可。

芹菜焖豆芽🍴

♥ 原 料 · 🌸 ·

绿豆芽50克、西芹60克、葡萄干30克；
姜、盐、高汤、植物油各适量。

♥ 做 法 · 🌸 ·

1 西芹择洗干净，切段；姜去皮，洗
净，切碎；葡萄干用温水泡约20分
钟；绿豆芽洗净备用。

2 锅内倒植物油烧热，炝香姜末，再放
入西芹段、高汤略煮。

3 加入绿豆芽、葡萄干，煮约5分钟后，
加盐调味，快速收干汤汁即可。

妈 妈 喂 养 经

　　豆芽的热量很低，而水分和纤维素含量
很高，可以有效改善宝宝便秘症状。

鸡蛋炒番茄 🍴

♥ 原料

番茄100克、鸡蛋1个；盐、白糖、葱末、植物油各适量。

♥ 做法

1 番茄洗净，切块；鸡蛋打散，放盐搅拌均匀。

2 锅中加植物油烧热，倒入蛋液，炒至八成熟，盛到碗里。

3 锅中留余油，下入番茄块，翻炒2分钟，加适量盐，再把炒好的鸡蛋倒入锅内，再翻炒数下，加葱末和白糖调味即可。

油菜蛋羹 🍴

♥ 原料

鸡蛋1个，油菜叶100克，猪瘦肉适量；盐、葱、香油各适量。

♥ 做法

1 油菜叶、猪瘦肉分别洗净，切碎；葱洗净，切成末。

2 鸡蛋磕入碗中打散，加入油菜碎、肉末、盐、葱末、香油，搅拌均匀。

3 蒸锅置火上，加适量清水煮沸后，将混合蛋液放入蒸锅内，用中火蒸6分钟即可。

猪肝摊鸡蛋 🍴

♥ 原料

鲜猪肝20克、鸡蛋1个；植物油、盐各适量。

♥ 做法

1 鲜猪肝洗净，用沸水焯熟后，切碎。

2 鸡蛋打到碗里，放入猪肝碎和盐搅拌均匀。

3 锅内放植物油烧热后，倒入蛋液，至两面煎熟即可。

双色蛋片 🍴

♥ 原料

鸡蛋2个，青椒片、水发木耳块各20克；植物油、盐、香油、水淀粉、葱末、鸡汤各适量。

♥ 做法

1 鸡蛋磕开，把蛋清、蛋黄分开，再分别加少许盐和水淀粉搅拌均匀。

2 取两个盘子，盘底抹少许油，把蛋清、蛋黄分别倒入盘内，上锅蒸10分钟，取出切菱形片。

3 油锅烧热，炝香葱末，放入青椒片、木耳块、鸡汤、蛋片翻炒，加盐调味，用水淀粉勾芡，淋香油即可。

鸡肉丝炒青椒🍴

♥ 原料

青椒丝30克、鸡肉丝100克、鸡蛋1个（取蛋清）；植物油、淀粉、葱末、盐各适量。

♥ 做法

1 鸡肉丝与蛋清拌匀，加淀粉、盐腌渍10分钟。
2 油锅烧热，放入鸡肉丝，煸炒至白色，随后下入青椒丝，大火快速翻炒，加盐、葱末炒匀即可。

妈妈喂养经

　　鸡肉丝蛋白质含量高，容易被宝宝吸收，有健脾胃、增强体力、强壮身体、增强免疫力的功效，有助于宝宝身体发育。

软煎鸡肝🍴

♥ 原料

鲜鸡肝100克、鸡蛋1个（取蛋清）；面粉、盐、植物油、葱花各适量。

♥ 做法

1 鲜鸡肝洗净，切成片。
2 将鸡肝片裹上盐、面粉、蛋清。
3 锅置火上，放植物油烧热，滑入鸡肝片，煎至鸡肝片两面呈金黄色，点缀葱花即可。

妈妈喂养经

　　鸡肝含有丰富的蛋白质、钙、磷、铁、锌、维生素A、B族维生素，让宝宝常吃鸡肝，可以保护宝宝视力，防止宝宝眼睛干涩疲劳，还可治疗小儿疳积。

熘鱼肉泥丸 🍴

鲤鱼200克；盐、淀粉、水淀粉、植物油、葱、醋、姜各适量。

♥ 做 法

1 将鲤鱼洗净，剔骨、刺，去皮，剁成肉泥，加盐、醋拌好，再加适量淀粉和水调匀成鱼肉馅；葱、姜分别洗净，切成丝。

2 水煮沸，用汤勺将鱼肉舀成丸子，下入锅中，煮5分钟至熟。

3 另取一锅置火上，放植物油烧热，下葱丝、姜丝爆香，加适量清水，煮沸后，下入煮好的鱼丸，再用水淀粉勾芡，加盐调味即可。

奶油焖虾仁 🍴

♥ 原 料

鲜虾仁100克、奶油50克；植物油、盐、胡椒粉、葱白丝、姜丝各适量。

♥ 做 法

1 虾仁去除沙线，洗净，沥干水。

2 锅置火上，放入适量植物油烧热后，加入虾仁，大火快炒2分钟，加入胡椒粉、盐，待虾仁变色后立即取出。

3 将奶油倒入锅中，小火煮约5分钟，再加入虾仁、葱白丝、姜丝，煮沸即可。

妈妈喂养经

虾仁一定要炒熟，否则宝宝容易吃坏肚子，妈妈一定要注意。

橙汁鱼片🍴

♥原 料 ⋯ • ✿ •

鱼片100克、鸡蛋1个；橙汁、盐、面包粉、橄榄油各适量。

♥做 法 ⋯ • ✿ •

1 鱼片用盐腌一下；鸡蛋打入碗中搅散后，加入面包粉，裹住鱼片。

2 锅内放橄榄油烧热，将裹有面包粉的鱼片放入锅中煎熟，取出来盛盘后，将橙汁均匀地淋在上面即可。

妈妈喂养经

　　鱼片最好用海鱼（如鳕鱼片），煎时不要用铲子翻。鱼可以给宝宝提供丰富的蛋白质，补脑益肾，让宝宝更加聪明灵活。加了橙汁的鱼片则会给宝宝带来很新奇的感觉。

清蒸白肉鱼🍴

♥原 料 ⋯ • ✿ •

白肉鱼2片、菠菜10克；酱油适量。

♥做 法 ⋯ • ✿ •

1 菠菜洗净，放入沸水中焯烫，捞起，浸泡在凉水中去除涩味，捞出，沥干，切成小段。

2 白肉鱼洗净，放入深盘中封上耐热保鲜膜，放入微波炉，用中火加热5分钟。

3 取出白肉鱼，加入菠菜段，淋上酱油，充分拌匀即可。

花生酱蛋挞🍴

♥原 料 ⋯ • ✿ •

牛奶200克、鸡蛋2个；花生酱、白糖、植物油各适量。

♥做 法 ⋯ • ✿ •

1 鸡蛋打散，搅匀备用。

2 牛奶与花生酱混合，搅拌均匀成糊状，加入白糖、鸡蛋液，顺着一个方向搅拌均匀。

3 将小蒸杯内层涂一层植物油，倒入搅拌好的牛奶花生酱蛋液，放入蒸锅中，蒸15分钟即可。

猪肉豆腐糕 🍴

❤ 原 料

猪肉50克、豆腐100克；香油、酱油、盐、淀粉、葱末、姜末各适量。

❤ 做 法

1 猪肉洗净，剁碎，用酱油、盐、淀粉、姜末搅拌成肉馅。
2 豆腐用沸水焯熟，沥水后切碎，加入拌好的肉馅、淀粉、盐、香油、葱末和少量水，搅拌成泥状。
3 将猪肉豆腐泥分别放入小碗内，放入蒸锅中，蒸15分钟即可。

咸香蛋糕 🍴

❤ 原 料

低筋面粉30克、猪肉馅8克、鸡蛋1/2个；红洋葱碎、鲜奶、植物油、发酵粉、盐、胡椒粉、水淀粉、白糖各适量。

❤ 做 法

1 锅内倒植物油烧热，先放红洋葱碎炒香，再放猪肉馅翻炒，加入盐、胡椒粉和水淀粉炒匀，盛出晾凉。
2 鸡蛋加白糖、鲜奶、低筋面粉、发酵粉打匀，最后加入晾凉的备料拌匀成面糊。
3 蛋糕模上抹少许油，倒入面糊，蒸15分钟即可。

菠菜蛋卷 🍴

❤ 原 料

菠菜50克、鸡蛋3个；盐、植物油各适量。

❤ 做 法

1 鸡蛋打散，加盐拌匀；菠菜洗净，焯水后挤掉多余水分，切段。
2 平底锅放植物油，将蛋液倒入，用小火煎至蛋液基本凝结时，倒出锅，加入菠菜段，卷起来切段摆盘即可。

妈妈喂养经

菠菜和鸡蛋都是很适合宝宝吃的食物，做成蛋卷后，换了个新形象出现，会让宝宝胃口大开。

鲜奶蛋饼🍴

♥ 原 料

鸡蛋3个、鲜牛奶50毫升、面粉100克；植物油适量。

♥ 做 法

1 将鸡蛋磕入碗中，搅打均匀，倒入面粉中，再慢慢倒入鲜牛奶，一起搅拌成糊状。

2 平底锅置火上烧热后，加入适量植物油，然后将牛奶面粉鸡蛋糊倒入其中，摊成蛋饼，中火煎3分钟，再翻面煎2分钟，至两面金黄即可。

牛肉土豆饼🍴

♥ 原 料

牛肉、土豆各50克，鸡蛋1个；牛奶、姜末、盐、面粉、植物油各适量。

♥ 做 法

1 土豆洗净，去皮，切片，放入蒸锅中蒸熟，取出放入碗中加入牛奶捣成泥状；鸡蛋打散，搅拌均匀；牛肉洗净，放入盐、姜末剁成泥，然后和土豆泥拌匀。

2 拌好的牛肉土豆泥做成圆饼状，裹一层面粉，再裹上一层蛋液，放入油锅，小火煎熟即可。

香浓鱼蛋饼🍴

♥ 原 料

鱼泥50克、鸡蛋2个、面粉20克；植物油适量。

♥ 做 法

1 鸡蛋搅匀，混入鱼泥和面粉，调成糊状。

2 锅内倒植物油烧热，将调好的面糊放进去，两面煎熟即可。

豆腐海苔卷🍴

♥ 原 料

豆腐、猪肉末各50克，海苔4片；盐、淀粉各适量。

♥ 做 法

1 豆腐洗净，压成泥，加猪肉末、盐、淀粉拌匀。

2 将海苔铺开，铺上豆腐肉泥，卷成海苔卷，上锅蒸10～15分钟，蒸熟即可。

蒸大白菜卷

♥ 原料

大白菜叶2张、猪肉末50克、荸荠4个、鸡蛋1个；葱末、姜末、盐、酱油各适量。

♥ 做法

1 大白菜叶用沸水焯过，晾凉；荸荠洗净，去皮，切碎；鸡蛋打散搅匀。

2 猪肉末、荸荠碎加葱末、姜末、盐搅拌均匀后，放入酱油，加进蛋液再次搅拌至馅发黏。

3 焯好的大白菜叶平铺开，放肉馅卷成长条状，摆盘后，入锅蒸15～20分钟，取出切段即可。

妈妈喂养经

菜卷造型独特，口味鲜美，一定会受到宝宝的欢迎。

冬瓜肝泥卷

♥ 原料

鲜猪肝、冬瓜各30克，馄饨皮20克；盐适量。

♥ 做法

1 冬瓜洗净，去皮，切末；鲜猪肝洗净，剁碎。

2 将冬瓜末和猪肝碎混合，加盐搅拌后做成馅，用馄饨皮卷好，上锅蒸熟即可。

鸡肉汤面条

♥ 原料

干面条、青菜、洋葱末各10克，鸡肉8克，胡萝卜5克，高汤100毫升；植物油、盐各适量。

♥ 做法

1 干面条折成约2厘米长的小段，放入锅中加水煮软，捞起备用。

2 胡萝卜洗净，去皮，切丁，放入沸水中焯至熟软；鸡肉洗净，切成小丁；青菜洗净，切段。

3 锅中加入高汤煮沸，放入面条段和鸡肉丁，炖煮至材料完全熟烂。

4 另取一锅，加入植物油，爆香洋葱末，再加入青菜段、胡萝卜丁拌炒，倒入肉汤锅中煮至熟烂，加盐调味即可。

猪肉末海带面🍴

💙 原料

猪肉末30克、海带丝20克、面条50克；
盐、酱油、葱姜末、植物油各适量。

💙 做法

1. 海带丝洗净；猪肉末加酱油、部分葱姜末拌匀。

2. 锅中加水煮沸后，放入面条用中火煮3分钟至熟，捞出沥水。

3. 另取一锅置火上，放适量植物油烧热后，下入猪肉末，用大火煸炒片刻，加适量清水、海带丝、剩下的葱姜末，转小火同煮10分钟，再放入煮好的面条，加盐调味即可。

妈妈喂养经

海带富含碘、钙、磷、硒等多种人体必需的微量元素，其中钙含量约是牛奶的2.5倍，含磷量超过所有蔬菜，是促进大脑发育的好食物。

猪肉末黄豆芽煨面🍴

💙 原料

猪肉30克、黄豆芽50克、面条50克；盐、葱末、姜末、高汤、植物油各适量。

💙 做法

1. 黄豆芽洗净；猪肉洗净，切末，加部分葱末、姜末拌匀。

2. 面条入沸水中煮熟，捞出沥干水分。

3. 油锅烧热，煸炒猪肉末，加高汤、黄豆芽煮3分钟，再下面条略煮，放盐、剩下的葱末调味即可。

妈妈喂养经

黄豆芽是一种营养丰富、味道鲜美的蔬菜。但是要注意，如果宝宝拉肚子了，就不能让宝宝吃黄豆芽，因为黄豆芽性寒，可能会加重宝宝病情。

金针菇香菇馄饨

♥ 原料 ·✿·

馄饨皮10张，金针菇30克，香菇、芹菜各20克；盐、酱油、香油、植物油各适量。

♥ 做法 ·✿·

1 芹菜、金针菇、香菇分别洗净，切成细末。

2 油锅烧热，下入芹菜末、金针菇末、香菇末，拌炒后加盐、酱油、香油拌成馅料，包入馄饨皮中，捏成馄饨生坯。

3 锅内倒水煮沸，放入馄饨生坯，煮7分钟即可。

鸡汤小馄饨

♥ 原料 ·✿·

小馄饨皮10张、鸡汤200毫升、猪肉末40克、土豆泥30克；植物油适量。

♥ 做法 ·✿·

1 用植物油将土豆泥和猪肉末搅匀，调成馄饨馅。

2 取小馄饨皮，包入调好的馅料，制成馄饨生坯。

3 锅置火上，倒入鸡汤煮沸，下馄饨煮熟后即可。

豆腐水晶饺

♥ 原料 ·✿·

澄面70克，干贝碎15克，豆腐、香菇碎各50克；盐、淀粉、蚝油各适量。

♥ 做法 ·✿·

1 将澄面和淀粉以7：3的比例加沸水和成面团，做成水晶饺皮。

2 豆腐洗净，捣碎，加淀粉抓至发黏，加入干贝碎和香菇碎，放盐、蚝油拌匀成馅。

3 取水晶饺皮，包入馅，制成饺子生坯，上锅蒸30分钟即可。

虾仁蛋饺🍴

❤ 原 料

虾仁50克，鸡蛋1个，猪瘦肉末、蒜苗末各30克；葱末、姜末、盐、植物油、淀粉各适量。

❤ 做 法

1 虾仁去除沙线，洗净，剁碎，加入猪瘦肉末、蒜苗末、葱末、姜末、盐搅拌均匀成虾仁馅；鸡蛋打散，加淀粉、清水拌成糊。

2 油锅烧热，将蛋糊分3次倒入锅中，摊成蛋饼，将虾仁馅包入蛋饼内，取出上锅蒸熟即可。

鸡汤水饺🍴

❤ 原 料

猪肉末、小白菜末、饺子皮各30克；植物油、香油、酱油、盐、葱末、姜末、紫菜、鸡汤各适量。

❤ 做 法

1 猪肉末中加入酱油、盐、葱末、姜末、植物油、香油、小白菜末拌成馅；取饺子皮，包入馅，制成小饺子生坯，入沸水中煮熟，取出。

2 另取一锅，放鸡汤煮沸后，放饺子再煮3分钟，最后加入盐和紫菜即可。

肉松饭🍴

❤ 原 料

米饭100克，鸡肉、胡萝卜各30克；白糖、酱油各适量。

❤ 做 法

1 鸡肉洗净，切末，加入白糖、酱油搅拌好，放入锅内干煸，煸干水分，做成鸡肉松。

2 胡萝卜洗净，去皮，切成丁，放入沸水中焯一下，捞出来沥水。

3 将做好的鸡肉松、胡萝卜丁放在米饭上，一起焖5分钟即可。

Part 7

宝宝牙齿成熟期

(1.5～3岁)

Chapter 1 宝宝身心发育监测

1.5～3岁宝宝身体发育标准

1.5～3岁的宝宝身体依然在发育，但其发育的速度会相对缓慢一些。下面从身高、体重、头围、胸围等方面来了解一下1.5～3岁的宝宝较以前身体上会出现哪些变化。

● 身高

宝宝在快2岁时，身高一般会在85厘米左右浮动，以后就会以每年5厘米的幅度增长，到3岁时，男宝宝的身高约94.9厘米，女宝宝的身高约94厘米。当然，这都是平均身高，个别幼儿的情况会出现一些差别，稍有差距家长也不用担心，毕竟每个人的生长规律不太一致。

● 体重

1.5～3岁，男宝宝的体重为13.3～14.6千克，女宝宝的体重为12.8～14.1千克。如果宝宝不在这个范围内，家长也不用焦虑，因为体重的问题往往和身高是有关联的。单纯的偏轻或偏重不能说明任何问题，家长要考虑周全，结合宝宝的体形来分析宝宝的体重。如果相差太多，家长就要积极地带宝宝去咨询医生，采取相应措施予以调整。

● 头围

男宝宝的头围在这一年中会由48.2厘米增长到49.1厘米。女宝宝头围的大小为47.2～48.1厘米。

● 胸围

男宝宝的胸围在这一年中会由49.4厘米增长到50.9厘米。女宝宝的胸围为48.2～49.8厘米。

乳牙

当宝宝2～2.5岁时，他的20颗乳牙就会全部长出来。最迟也不会晚于3岁。如果宝宝牙齿发育不太好，要尽早到医院查看一下原因。

免疫力

此阶段的宝宝，免疫力较之前有了较大的提高，但是对某些致病性细菌还是不能完全抵抗，抗病能力依然不强。

皮肤

皮肤的屏障作用有所提升，但是仍然易发生皮肤损伤的意外情况。

宝宝的心理变化

宝宝1.5～3岁时，已经开始有大人般的意识，此阶段的宝宝在想问题的时候可以将更长的事件，或是一些相关的事物串联在一起，并且经过宝宝小脑袋的思考、整合，能够得出更为精细的想象结果。在一般简单的情况下，宝宝能够安排自己大部分的日常生活，比如早上起床的时间、洗脸、洗澡以及晚上上床睡觉等活动。

如果将这一阶段宝宝的智力进行简单勾勒一下，那就是他觉得在他的世界中发生的所有的事情，无论事情本身大小，都与他有或多或少的关系。

尽管1.5～3岁的宝宝对事物已经有了一定的理解能力，但是与他讲道理一般来说还比较困难。这是因为他观察事物的方式十分简单，仍然不能分辨虚幻与真实，除非他自己主动参与虚构的游戏。

走进"反抗期"

2岁后孩子变得特别叛逆，无论叫他做什么，他都说"不"；即便是自己喜欢的事物，只要别人先说或先做了，他就不高兴。这种"反抗情绪"要持续半年至一年的时间。心理学将这一时期称为"第一反抗期"。这一段时间里，并非孩子故意反抗，他的反抗是有理由的。1～2岁时孩子的体力渐长，3岁前后自己能做很多事了，希望充分发挥自己的能力。

但由于种种原因，他们的这种能力却总是被大人压制着，所以才会发生反抗。心理学家认为，不要对孩子管教过于严厉，平时只要明确规定几项生活中不应犯的规则要他"遵守"就可以了。例如：不洗手绝不能拿东西吃，别人的玩具一定要还给人家等。

如果能够正确诱导孩子安度反抗期，让孩子较快确立"自我"，使"自我服务"不偏于"唯我独尊"的意识，其反抗便会逐渐消失。相反，如果强压其反抗，将会形成"内攻"心理，长久压抑在心里，会使孩子一生成为"反抗儿"或懦弱孩子。下面介绍三种诱导方法：

● 让孩子帮做简单的事

如"擦桌子"，虽然他不能擦干净，但大人要注意，孩子自己做的事，常不愿意大人再做一次。孩子在体验到自己可同大人做同样的事之后，会产生很大的满足感。

● 让孩子能完成一件事

"自我"心理使孩子什么都想自己做，只要情况许可，尽量满足他，并鼓励他把一件事从头到尾做完，即使做得不好，也要夸几句，如日常穿鞋、穿衣等均可作为训练项目。

● 凡事都让孩子"体验一下"

不管孩子做什么事，只要不危险，都尽可能不要过分干涉他。有些事情明知孩子不可能做得好，也得让他去"体验一次"。不用多久，孩子就会有很大的进步。

🐰 宝宝能做的事情

2~3岁的宝宝身体的各个方面都有了很大的进步，当宝宝长到2.5岁时，他的身体基本上已经很灵活了，可以双脚向前跳，在家长的帮助下可以上下楼梯，会骑三个轮的小童车。

宝宝的小手灵活到可以学习一些简单的折纸，可以自己扣扣子；不仅可以画出线条，还会画圆圈或方形；可以自己把玩完的玩具收拾好。

2.5岁的宝宝能掌握200~300个词语，可以用简单的语句说明一件事情，还可以说出涉及曾经发生在自己身上的事，并且变得喜欢说话，喜欢听别人讲故事。3岁的宝宝可以唱出一首完整的儿歌，能说出自己及爸爸妈妈的姓名，能够很礼貌地与他人问好、道别。能认识几种基本颜色，能够说出简单的几种形状，能有一点时间概念，可以想起物体存在的位置。可以按照大人的要求来做事情，知道哪些是不该做的事情。

让宝宝听大人讲故事、念儿歌和说话。睡前讲故事、念歌谣应是宝宝每天"必修课"。每个故事至少要讲1~2周，儿歌也要固定几首，短小易记，朗朗上口。经过多次重复，宝宝的大脑就会建立起一个加工系统，使故事和儿歌变成他的内部语言，他虽然还不太会说，但如果家长故意念错时，他会表示不满。然后家长应当尝试让他"接话"，或者接儿歌中最后一个押韵的字。

Chapter 2 宝宝营养与照护要点

🐰 秋季宝宝莫贪吃四种水果

秋天，正是大量水果上市的季节，五花八门的水果引诱着孩子的胃口。但有些水果，如柿子、甘蔗、柑橘、香蕉这四种水果虽然味道鲜美，但吃太多也会引起不少问题。

● 柿子

柿子含有丰富的蔗糖、葡萄糖、果糖、维生素C，以及钙、磷、铁等。孩子肺热咳嗽，或大便干燥时吃些柿子有一定的好处。但是，若是经常在餐前大量吃柿子，柿子里的柿胶酚、单宁和胶质就会在胃内遇酸，形成不能溶解的硬块儿。小的硬块儿可随大便排出，而大的硬块儿则只能停留在胃里形成胃结石，并可诱发胃穿孔、胃出血等危险。

提示 孩子每天吃1个柿子就可以了，不要吃皮，避免形成柿石症。

● 甘蔗

甘蔗中含有大量蔗糖，可使体内的血糖浓度增高，吃得越多血糖浓度就越高。当血糖浓度超过正常限度后，常可引发皮肤上起小疖肿或痈肿。同时过多摄入糖分还可使孩子形成酸性体质，而导致免疫功能下降。

提示 孩子一次吃甘蔗最好不要超过50克。

● 柑橘

柑橘不仅营养丰富，而且还可理气健脾、化痰止咳，有助于治疗呼吸道急慢性感染及消化不良。然而柑橘如果吃得过多，就会使体内的胡萝卜素含量骤增，从而引发胡萝卜素血症。其表现为食欲不振、烦躁不安、睡眠不踏实，还伴有夜惊、啼哭、说梦话等，有时甚至手掌、足掌的皮肤都发黄。

提示 给孩子每天至多进食3个柑橘。

● 香蕉

肉质糯甜，又能润肠通便，因此，也是妈妈经常给宝宝吃的水果，然而，不可在短时间内让宝宝吃得太多（尤其是脾胃虚弱的宝宝）。否则，会引起恶心、呕吐、腹泻。

提示 对于2岁以上食量不太大的宝宝，让宝宝每天吃一根即可。

巧克力不宜多吃

众所周知，巧克力是一种高热量食品，其中脂肪含量偏高，但蛋白质含量偏低，营养成分的比例与儿童生长发育需要不相符。

如果在饭前过量吃巧克力就会产生饱腹感，影响食欲，但饭后很快又感到肚子饿，这会使宝宝正常的生活规律和进餐习惯被打乱，影响儿童的身体健康。

另外，巧克力中不含能刺激胃肠正常蠕动的纤维素，因而影响胃肠道的消化吸收功能。再者，巧克力中含有使神经系统兴奋的物质，如果是在睡前食用，还会使宝宝不易入睡和哭闹不安。巧克力中过多的糖分还会导致蛀牙，并使肠道气体增多而导致腹痛。

冷饮无益健康

冷饮是孩子们喜爱的食品，特别是在夏天。3岁左右的宝宝即使没有看见冷饮，他自己也知道向家长要冷饮喝。但是冷饮绝对不是健康的食物之选。

冷饮并不解渴 当人体的血浆渗透压升高时，人就会感到口渴。而孩子喜欢的冷饮中含有较多糖分，同时还含有脂肪等物质，其渗透压要远高于人体正常值，因此，食用冷饮当时虽觉凉爽，但几分钟过后，便会感到口渴，而且会越喝越渴。

导致胃肠不适 孩子喝冷饮后，胃肠道局部温度骤降，胃肠道黏膜小血管收缩，局部血流少。久而久之，消化液的分泌就会减弱，影响胃肠道的消化吸收功能。不明原因的腹痛、腹泻是许多孩子夏天易得的病，这大多与过量喝冷饮有关。另外，冷饮市场的卫生状况并不尽如人意，孩子贪食冷饮明显增加了消化道感染的风险。

导致营养不良 冷饮中的营养物质常以糖类为主，而人体所需的蛋白质、矿物质、微量元素和各种维生素含量都极少，使得其中营养素严重失衡，长期嗜食冷饮，影响正餐，势必会导致营养不良。

导致肥胖 对食欲旺盛的孩子，冷饮并不会影响他们的食量，又增加了许多糖、脂肪和热量的摄入，从而导致肥胖。

总之，多喝冷饮对孩子的健康无利。但是小宝宝爱喝冷饮，也无法做到一点都不给，所以爸爸妈妈要学会让孩子科学食用冷饮：

不应大量喝冷饮，即一天不能喝太多，一次不能喝太多。

饭前不宜让宝宝大量喝冷饮。

选择质量可靠的产品，不喝街头卫生无保证的冷饮。

家中冰柜中保存的冰棍或冰淇淋，最好不超过3天，饮料也应注意保质期。

帮助宝宝睡眠的食物

据研究，小米、牛奶、水果、葵瓜子、红枣、核桃仁等，都是能帮助宝宝睡眠的食物，在睡觉前数小时内适当吃一些，有助睡眠。而一些油腻食物、含咖啡因的饮料或食物、会产生气体的食物、辛辣食物等都对睡眠不利，在睡觉前不宜食用。

睡前不要吃过量

上班族的爸爸妈妈只有晚上的时间最充裕，因此，常常是在晚上做一桌子美食，而宝宝也自然跟着沾光。由于大多都是爱吃的，所以不免晚餐就吃多了。其实，这对宝宝的健康很不利。宝宝睡前吃了很多东西，还来不及消化就睡觉了，食物储存在胃里，使胃液增多，消化器官在夜间本来应该休息，结果却被迫继续工作。这样一来不仅影响睡眠质量，而且摄入过多的食物不能消耗吸收，时间一长宝宝就变成"小胖墩儿"了。除了晚餐要适量外，睡前1小时也不要再给宝宝吃东西了。

让宝宝爱上谷类

在宝宝每天的饮食中，谷类食物一直都是不可忽视的一大种类，它对宝宝的身体健康和苗壮成长十分有利。但是宝宝未必习惯谷类食物，为此，家长可以参考以下建议：

1.要保证谷类食物与牛奶一起让宝宝食用。

2.可以在谷类食物中增加新鲜的水果，如将草莓和酸奶混合起来放在谷类食物里面，让食物变得更可口。

3.购买的谷类食物应是无糖的，必要时可以自己加糖，但加入的糖量不能过高。

4.为宝宝烹调谷类食物时要看一下标签，确定食物中是否已经加了盐，如果需要另外加盐，不宜在谷类食品加热后再加盐。

5.可以在烹调谷类食物时加入适量的奶粉，以适应宝宝的口味。

10招应对挑食宝宝

很多宝宝都爱挑食，挑食问题出在宝宝身上，但是错却多在大人身上。那么如何防止宝宝挑食呢？来看看下面的应对措施：

宝宝每一次的饮食量常常时多时少，爸爸妈妈不能将他吃得多的那次作为衡量宝宝食欲好的标准。而是要用几天的时间，仔细观察宝宝的日均进食量，只要孩子的饮食在平均值附近，体重增加正常，就说明宝宝的生长发育没有问题，他的平日里大多数的饮食量也是正常的，而不是因为"挑食"而吃不多，这个问题，应该弄明白。

零食是造成宝宝食欲不佳的一大原因，所以两餐之间不要给宝宝零食，让宝宝保持饥饿感，宝宝才会好好吃饭，更不会出现挑食的情况。但如果宝宝不吃饭的原因是感觉饭菜不对胃口，爸爸妈妈可以把饭菜拿走，等饿到下一顿，他就会"饥不择食"了。另外，在宝宝好好吃饭的时候，应多多鼓励他。

全家一起吃饭的气氛是很有感染力的。当宝宝发现家人吃得有滋有味时，也会嘴馋。开始时餐桌上要有一两样他爱吃的菜，然后逐渐增加食物种类，宝宝就会慢慢接受其他食物而不挑食了。

再好的东西也会吃腻，宝宝更是这样。因此不要发现宝宝喜欢吃哪道菜，哪道菜就成了餐桌上的常客。可以在三餐中选一餐做他最喜欢的食物，而另外两餐则选其他食物。这样可以让宝宝有新的尝试。

食物混搭也有效果，爸爸妈妈可以将宝宝喜欢和不喜欢的食物混在一起，如宝宝不爱吃蔬菜，但爱吃饺子，那就做盘蔬菜猪肉的饺子；不爱吃水果，但爱喝酸奶，那就把水果拌到酸奶里。开始时，宝宝不爱吃的食物所占比例应少些，以后慢慢增加就可以。

满满一盘子食物，在宝宝眼里犹如庞然大物，看着就饱了。所以给宝宝的食物应换成"儿童装"的小分量。

厨房对宝宝具有巨大的吸引力，各种颜色和形状的食物，都能让他感觉新奇。让他帮爸爸妈妈准备他不喜欢的食物，吃的时候他也会格外卖力。

宝宝天生就喜欢吃甜的食物，但甜食常导致宝宝肥胖、食欲下降，损害宝宝牙齿健康等。所以爸爸妈妈应做到：减少购买甜食，尽量购买高营养价值的甜食，规定宝宝吃甜食的量。

吃饭的时候，还可以给宝宝一把小勺，让他自己动手吃，这也是让宝宝爱上吃饭、不挑食的高招。

另外，即便到了3岁，宝宝吃饭的各种能力，如咀嚼能力、吞咽能力、拿筷子或勺子的能力等也不及大人，因此，不要催促宝宝，而且吃得太快也不利于宝宝消化。

1.5～3岁宝宝喂养特点

喂养2～3岁的宝宝除了每天三餐之外，还应给他们加1～2次点心，最好是

喝点配方奶。如果晚饭吃得早，在睡前1～2小时，可喝点奶制品。此时孩子可以进食与其他家庭成员相似的食物，随着语言与社交能力的提高，爸爸妈妈应该和宝宝一起进餐，这样在进餐时宝宝就会积极参与。

现在宝宝的进餐技能已经变得比较"文明"：2岁时，他已经学会使用汤匙，用一只手拿杯子喝水，并可食用可以用于抓着吃的食品；3岁时宝宝可以使用勺子自己吃饭，只是偶尔会将食物从盘子里溅出或不能将食物送入口中。但在他可以自己进餐时，仍然是在学习有效地咀嚼和吞咽的阶段，边吃边玩时还是会呛食，所以发生窒息的危险性仍很高，因此，家长要避免让宝宝吞咽整块食物，以防止食物阻塞气管。

怎样保证宝宝营养

2～3岁的宝宝牙齿差不多已经长齐，咀嚼能力增强，可以自己用牙齿咀嚼较硬的固体食物，而不再只是喝牛奶或吃流质食物了。

这个阶段父母更应注意宝宝的营养。首先要保证孩子膳食中蛋白质、脂肪、碳水化合物的比例，各种矿物质和维生素的供给也应适量。

每天膳食中应包括：谷类134克，代乳粉15克，豆及豆制品20克，肉类38克，蛋类38克，蔬菜135克，水果38克，糖19克，油10克。2～3岁的宝宝咀嚼能力增强了，食物不必切得太碎小。肉可以切成薄片、小丁、细丝等；鱼去刺后切成片或小块；蔬菜可以切成小丁、小片、细丝。

食物搭配原则

为2岁左右的宝宝准备食物是一件麻烦事，因为这时宝宝对食物很挑剔。爸爸妈妈在准备食物时要遵循以下原则：各餐的食物搭配要合适，有干有稀，有荤有素，饭菜要多样化，每天不重复。如主食轮换吃软饭、面条、馒头、包子、饺子、馄饨、发糕、麻酱花卷、菜卷等，注意利用蛋白质互补，搭配一点粗粮。肉、蛋、豆制品、蔬菜等混合做菜，一个炒菜内可同时放两三种蔬菜，也可以用几种菜混合做馅，还可以在午饭或早点吃些蒸胡萝卜、蒸猪肝、豆制品等。

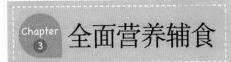

Chapter 3 全面营养辅食

奶汁香蕉 🍴

💙 原 料

香蕉50克、牛奶100毫升、玉米面20克；白糖适量。

💙 做 法

1 香蕉去皮，用勺子研烂，加入牛奶、白糖，混合成香蕉糊；玉米面用适量清水调成糊状。

2 锅置火上，加适量清水煮沸后，倒入玉米糊，转中火一边煮一边搅至玉米糊黏稠，倒入备好的香蕉糊，再煮2分钟即可。

妈妈喂养经

香蕉含有较多的蛋白质、碳水化合物、钾、维生素A和维生素C，还有丰富的膳食纤维，能够促进宝宝食欲，助消化，促进宝宝神经系统的发育。

核桃粥 🍴

💙 原 料

核桃仁30克、大米50克；黑芝麻、白糖各适量。

💙 做 法

1 核桃仁放入锅中，小火翻炒熟后，研成末；黑芝麻炒熟备用。

2 大米用水淘洗干净，用水浸泡1小时后放入锅中，加适量水，大火煮沸后转小火煮20分钟，成粥。

3 将核桃末、黑芝麻加入大米粥中，用中火煮3分钟，再加白糖拌匀即可。

豆腐丝瓜粥 🍴

💙 原 料

豆腐丁40克、丝瓜30克、大米50克；盐、葱末、植物油各适量。

💙 做 法

1 大米淘洗干净，用水浸泡1小时；丝瓜去皮，洗净，切碎。

2 锅内加大米和适量水，大火煮沸，再转小火将粥熬至黏稠。

3 油锅烧热，加入豆腐丁、葱末煸炒，再放入切碎的丝瓜，炒熟，加盐调味。

4 将炒好的食材放入熬好的粥中，搅拌均匀即可。

荔枝桂圆粥 🍴

♥ 原 料

荔枝、桂圆各30克，大米50克；白糖适量。

♥ 做 法

1 荔枝、桂圆分别去壳、核，洗净；大米淘洗干净。

2 锅置火上，放入大米和适量清水，大火煮沸后，放入荔枝、桂圆，转小火煮20分钟，加白糖搅匀即可。

肉松麦片粥 🍴

♥ 原 料

麦片50克，肉松20克；核桃、腰果、花生仁、白糖各适量。

♥ 做 法

1 将核桃、腰果、花生仁洗净，沥干，放入烤箱内烤熟，取出研成碎末。

2 锅置火上，放入麦片和适量清水，大火煮熟，加入研碎的果仁、白糖、肉松，搅拌均匀即可。

海带绿豆粥 🍴

♥ 原 料

糯米50克，绿豆、水发海带各20克；姜丝、白糖各适量。

♥ 做 法

1 糯米和绿豆分别淘洗干净；海带洗净，切成丝。

2 锅内加适量清水煮沸，再放入绿豆煮10分钟，加入糯米、海带片和姜丝，再次煮沸后，转小火继续煲40分钟至粥黏稠，加入白糖搅拌均匀即可。

妈妈喂养经

　　海带和绿豆都有清热去火、利水消肿、消暑的功用，这个粥特别适宜宝宝在炎热的夏季食用。

牛肉蔬菜粥

❤ 原 料

牛肉30克，米饭80克，土豆、胡萝卜、韭菜各10克；高汤、盐各适量。

❤ 做 法

1. 牛肉、韭菜分别洗净，切末；胡萝卜、土豆分别去皮，洗净，切成小丁。
2. 锅中放高汤煮沸后，加入牛肉末、胡萝卜丁和土豆丁，煮10分钟后，加入米饭拌匀，煮10分钟至粥熟烂，放入韭菜末，加盐调味即可。

妈妈喂养经

　　牛肉含有丰富的蛋白质、钙、多种维生素，具有强筋健骨、补益气血、增强免疫力的功效，宝宝多吃此粥，可以促进骨骼发育，提高自身抵抗力。

蔬菜鱼肉粥

❤ 原 料

鱼肉50克，米饭80克，水发海带、胡萝卜各20克；酱油适量。

❤ 做 法

1. 将鱼肉洗净，剔净骨、刺，蒸熟并捣碎；水发海带、胡萝卜分别洗净，切成细丝。
2. 将米饭、海带丝、鱼肉、胡萝卜丝、适量水倒入锅内，用中火煮15分钟至粥黏稠时，再放入酱油调味即可。

猪肝花生粥

❤ 原 料

大米50克，猪肝30克，花生仁10克，胡萝卜、番茄、菠菜各20克；盐、香油、鸡汤各适量。

❤ 做 法

1. 猪肝、胡萝卜、番茄分别洗净，切碎；菠菜洗净，焯烫后切碎。
2. 将大米、花生仁淘洗干净，放入电饭锅中煮成粥。
3. 将猪肝碎、胡萝卜碎放入锅内，加鸡汤煮熟后，和番茄碎、菠菜碎一起放入煮好的花生粥内，煮至粥稠，加盐、香油调味即可。

蔬菜鸡肉羹🍴

❤ 原料

鸡肉50克，南瓜、土豆、洋葱各20克；奶油调味汁、盐、植物油、高汤各适量。

❤ 做法

1 将鸡肉洗净，切成小丁；南瓜和土豆去皮，洗净，切成小块；洋葱洗净，切碎。

2 锅置火上，加高汤、南瓜块、土豆块，用中火煮至熟。

3 另起锅加油烧热，下鸡肉丁、洋葱碎，翻炒后放南瓜块、土豆块炒3分钟，倒奶油调味汁煮5分钟，加盐调味即可。

妈妈喂养经

南瓜含碳水化合物和胡萝卜素，多食用能提高宝宝机体的免疫功能，促进身体发育。南瓜和鸡肉搭配，更能发挥食物的功效，补充宝宝所需的营养。

南瓜玉米羹🍴

❤ 原料

南瓜30克、玉米面50克；白糖、盐、植物油、清汤各适量。

❤ 做法

1 将南瓜去皮、籽，洗净，切成小块。

2 锅置火上，放适量的油烧热，加南瓜块略炒后，再加入清汤，煮10分钟至南瓜熟。

3 玉米面用水调好，倒入锅内，与南瓜汤混合，边搅拌边用小火煮3分钟，至羹黏稠时，加盐和白糖调味即可。

妈妈喂养经

南瓜含有丰富的碳水化合物、淀粉，可给宝宝增加热量。

核桃花生牛奶羹 🍴

♥ 原料

核桃仁、花生仁各30克，牛奶100毫升；白糖适量。

♥ 做法

1 将核桃仁、花生仁炒熟，研碎。
2 锅置火上，倒入牛奶大火煮沸后，下核桃碎、花生碎，稍煮1分钟，再放白糖，待白糖溶化即可。

妈妈喂养经

核桃中含有丰富的磷脂，磷脂是人体细胞结构的主要成分之一，特别是脑神经细胞的重要原料之一，充足的磷脂能增强细胞活力，有提高神经功能的重要作用。

桂花栗子羹 🍴

♥ 原料

栗子肉80克、青梅10克；藕粉、白糖、玫瑰花瓣、糖桂花各适量。

♥ 做法

1 青梅、栗子肉分别洗净，切成薄片；玫瑰花瓣洗净，撕成碎片；藕粉放入碗内，加入热水，调匀备用。
2 锅中放水煮沸，加栗子肉片、白糖，转小火煮至栗子肉片熟。
3 将藕粉汁边搅边均匀地倒入煮栗子的锅内，待其呈透明的羹状时，盛入碗内，撒上青梅片、糖桂花和玫瑰花瓣即可。

水果沙拉 🍴

♥ 原料

苹果100克、橘子50克、葡萄30克；酸奶酪、蜂蜜各适量。

♥ 做法

1 橘子去皮、籽，切小块；苹果洗净，去皮、心，切小块；葡萄洗净，去皮、籽。
2 将橘子块、苹果块、葡萄放入碗内，加入酸奶酪和蜂蜜，拌匀即可。

鸡肉沙拉 🍴

♥ 原料

鸡肉40克、鸡蛋1个、菜花50克；沙拉酱、番茄酱。

♥ 做法

1 鸡肉洗净，煮熟，切碎；鸡蛋煮熟，去壳，切碎；菜花洗净，煮熟，捞出沥干水，切碎。
2 将沙拉酱、番茄酱拌匀，制成调味酱备用。
3 将鸡肉碎、鸡蛋碎和菜花碎放在大碗里，淋上调味酱即可。

水果布丁🍴

❤ 原 料

苹果、香蕉、橘子、梨各20克；白糖、琼脂各适量。

❤ 做 法

1 将苹果、梨分别洗净，去皮、心，切丁；香蕉去皮，切丁；橘子去皮、籽，切丁。

2 锅置火上，放入琼脂和清水煮3分钟，使琼脂完全溶化。

3 倒入准备好的水果丁，加入白糖调味，制成布丁。待白糖溶化，将布丁倒在碗或者是其他模具中，冷却后放入冰箱，食用时切块即可。

妈 妈 喂 养 经

布丁放在冰箱里的冷藏的时间不要太长，以免宝宝食用损伤肠胃，只需要凝固定型就可以了。食用布丁要注意安全。

猪瘦肉炒茄丝🍴

❤ 原 料

茄子100克、猪瘦肉30克；酱油、葱末、姜末、盐、蒜末、植物油各适量。

❤ 做 法

1 茄子洗净，去皮，切丝；猪瘦肉洗净，切丝。

2 锅置火上，放适量植物油烧热，下入葱末、姜末爆香，放入猪瘦肉丝煸炒至变色，盛出。

3 锅中留余油，烧热，倒入茄子丝煸炒片刻后，放猪瘦肉丝继续炒，再加入酱油、蒜末和盐，炒匀即可。

猪肉末芹菜🍴

❤ 原 料

猪肉50克、芹菜100克；酱油、盐、植物油、葱、姜各适量。

❤ 做 法

1 猪肉洗净，切成末；芹菜洗净，切碎；葱、姜分别洗净，切成末。

2 锅内倒植物油烧热，下葱末、姜末爆香，再放入猪肉末，煸炒至变色，加入酱油、盐略炒，再放入芹菜碎翻炒3分钟即可。

海带炒猪肉丝

原料

猪肉50克、海带10克；酱油、盐、白糖、植物油、葱、姜、淀粉、水淀粉各适量。

做法

1 海带洗净，用温水泡发，切成细丝，放入沸水锅内煮15分钟，至海带软烂，捞起沥水。
2 葱、姜分别洗净，切成细末。
3 猪肉洗净，切成丝，加酱油、淀粉拌匀。
4 锅中加植物油烧热，爆香葱末、姜末，下猪肉丝煸炒2分钟。
5 再放入海带丝，加入适量水炒3分钟，加盐、白糖调味，用水淀粉勾芡即可。

绿豆芽炒猪瘦肉丝

原料

猪瘦肉50克、绿豆芽100克；植物油、盐、醋、葱、姜、淀粉各适量。

做法

1 猪瘦肉洗净，切成细丝，加入淀粉、盐拌匀。
2 葱、姜分别洗净，切成丝。
3 绿豆芽择洗干净，沥水。
4 锅中加入植物油，烧至三成热，放入猪瘦肉丝，用中火煸炒片刻，变色后，捞出沥油。
5 油锅加热，爆香葱丝、姜丝，再下入绿豆芽煸炒至断生，随后放入猪瘦肉丝继续翻炒至熟，加入盐、醋调味即可。

猪肉末炒胡萝卜 🍴

💛 原 料

猪肉50克，胡萝卜丁100克，西蓝花、水发黑木耳各30克；植物油、淀粉、盐各适量。

💛 做 法

1 西蓝花洗净，切丁，焯烫，沥水备用；黑木耳洗净，撕碎；猪肉洗净，切碎，用盐、淀粉拌匀上浆，备用。

2 锅内放入适量植物油烧热，下猪肉末滑炒至变色后，加入胡萝卜丁、西蓝花丁、黑木耳碎，用中火翻炒，加少许水，焖5～6分钟，加盐调味即可。

妈妈喂养经

宝宝在这个时期，咀嚼功能有了很大的进步，可以吃一些脆嫩的食物来强化咀嚼功能，口感也清新爽口。

糖醋肝条 🍴

💛 原 料

猪肝50克、青椒20克；植物油、葱段、姜片、酱油、盐、白糖、醋、淀粉、水淀粉各适量。

💛 做 法

1 猪肝洗净，切条，用淀粉拌匀；青椒洗净，切条。

2 锅中倒油烧热，放入猪肝条，炒透后放青椒条翻炒片刻，捞出沥油；锅留余油，爆香葱段、姜片，再放清水、酱油、白糖煮沸，下入猪肝条、青椒条、醋、盐，焖煮片刻，用水淀粉勾芡即可。

妈妈喂养经

此菜含有丰富的维生素A，对保护宝宝视力非常有好处，并且此菜酸甜可口，可以让宝宝开胃。

123

芹菜炒猪肝 🍴

💚 原料

芹菜、猪肝各50克；酱油、淀粉、白糖、蒜末、姜汁、植物油、盐、胡椒粉各适量。

💚 做法

1. 芹菜洗净，切成段，用沸水焯过捞出，沥水。
2. 猪肝洗净，切成小块，用沸水焯一下，加酱油、淀粉、白糖、姜汁拌匀上浆，腌渍。
3. 油锅烧热，放入猪肝块、芹菜段，翻炒5分钟，放盐、胡椒粉和蒜末拌匀即可。

西芹牛柳 🍴

💚 原料

牛肉50克、西芹片30克、胡萝卜片20克、鸡蛋1个（取蛋清）；葱段、盐、淀粉、水淀粉、植物油、高汤、白糖各适量。

💚 做法

1. 牛肉洗净，切片，用鸡蛋清、盐、淀粉拌匀。
2. 油锅烧热，放入牛肉片、西芹片、胡萝卜片，翻炒片刻捞出；锅留余油，爆香葱段，加高汤、料酒、牛肉片、西芹片、胡萝卜片炖熟，加盐、白糖调味，用水淀粉勾芡即可。

香芋炒牛肉 🍴

💚 原料

牛肉50克、香芋100克、胡萝卜片20克；盐、香菜段、酱油、植物油、高汤、淀粉各适量。

💚 做法

1. 牛肉洗净，切薄片，用酱油、淀粉、盐拌匀上浆；香芋去皮，洗净，切片。
2. 胡萝卜片用沸水焯烫，捞出沥水。
3. 油锅烧热，下入牛肉片滑散，再加胡萝卜片、香芋片翻炒，加高汤焖煮8分钟，加盐调味，出锅前撒上香菜段即可。

妈妈喂养经

香芋的味道甜美芳香，因此很受宝宝的欢迎，妈妈可以用多种食材与之搭配，做出既营养又符合宝宝口味的美食。

酱炒鸡丁🔧

♥ 原料

鸡肉丁50克，腰果、青豆、胡萝卜丁各20克，鸡蛋1个；植物油、盐、淀粉、水淀粉、高汤各适量。

♥ 做法

1 青豆洗净；鸡蛋打散拌匀；鸡肉丁加盐、鸡蛋液、淀粉拌匀；腰果、鸡肉丁分别过热油备用。
2 油锅烧热，下胡萝卜丁略炒，加入高汤、鸡肉丁，焖烧2分钟，放入青豆翻炒，再放腰果，用水淀粉勾芡，加盐调味即可。

蒸鸡翅🔧

♥ 原料

豆豉10克、鸡翅100克；姜、葱花、红椒、酱油、盐、植物油各适量。

♥ 做法

1 姜、红椒分别洗净，切丝。
2 鸡翅洗净后，在鸡翅上用刀划几道口，用部分葱花、盐、红椒丝、酱油腌渍15分钟。
3 将鸡翅撒上豆豉放入盘中，再放入姜丝，倒上植物油，上锅蒸10分钟至熟，撒上葱花即可。

红烧鸡块🔧

♥ 原料

鸡肉100克、水发玉兰片50克；水淀粉、酱油、盐、白糖、葱段、姜片、植物油各适量。

♥ 做法

1 鸡肉洗净，剁块，加酱油抓匀；水发玉兰片洗净，切片。
2 油锅烧热，放鸡块炸成金黄色捞出，沥油；锅中留底油烧热，爆香葱段、姜片，加酱油、玉兰片、炸鸡块，翻炒至鸡块软烂，加盐和白糖调味，水淀粉勾芡即可。

茴香炒蛋 🍴

♥ 原料

茴香100克、鸡蛋3个；植物油、盐各适量。

♥ 做法

1 将鸡蛋打散，搅拌均匀；茴香择好，洗净，切成长段。

2 锅置火上，倒入少许植物油，油热后将蛋液入锅，摊成蛋皮，晾凉后切成较短的蛋皮丝备用。

3 锅中留余油，烧热后，放入切好的茴香段，翻炒2分钟至熟，下入蛋皮丝翻炒片刻，加盐调味即可。

黑木耳清蒸鲫鱼 🍴

♥ 原料

黑木耳50克，净鲫鱼300克；盐、白糖、姜片、葱段、植物油各适量。

♥ 做法

1 鲫鱼洗净；黑木耳泡发，去杂质，洗净，撕成小碎片。

2 将鲫鱼放入大盘中，加入姜片、葱段、白糖、植物油、盐腌渍半小时。

3 鲫鱼上放上黑木耳碎片，上蒸锅大火蒸20分钟至熟即可。

牛肉末番茄 🍴

♥ 原料

番茄20克、牛肉末10克、肉汤适量。

♥ 做法

1 将番茄洗净，用热水烫后去皮、籽，切碎。

2 锅内放入肉汤，下入番茄碎、牛肉末，边煮边搅拌，并用勺子背面将其压成糊状，即可。

妈妈喂养经

牛肉营养丰富，但为肉类，宝宝不易消化，搭配番茄可以帮助消化，增进食欲，补充多种维生素，十分适合宝宝食用。

鱼松🍴

❤ **原 料** · 🌸

鱼肉100克；植物油、酱油、盐、白糖各适量。

❤ **做 法** · 🌸

1 鱼肉洗净，剔去骨、刺，放入蒸锅内，用中火蒸5分钟至熟，备用。

2 锅置火上倒植物油烧热，把蒸熟的鱼肉放入锅内，用小火边烘边炒，至鱼肉香酥时，加入盐、白糖、酱油，再继续用小火烧干汁即可。

妈 妈 喂 养 经

妈妈可以将鱼松夹在面包里给宝宝做早餐，营养丰富，味道鲜香，宝宝会很喜欢。

猪瘦肉末蒸鸡蛋🍴

❤ **原 料** · 🌸

鸡蛋2个、猪瘦肉50克；香油、酱油、盐各适量。

❤ **做 法** · 🌸

1 将猪瘦肉剁成泥，加入少许酱油、香油腌渍一下。

2 鸡蛋打散后加盐搅匀，再加入猪瘦肉泥拌匀。

3 将蛋液猪瘦肉泥放蒸锅内，慢火蒸15分钟，取出淋上香油即可。

妈妈喂养经

猪瘦肉末和鸡蛋一起蒸可以增加营养成分，另外还可以再放些蔬菜，营养更丰富。

核桃鱼丁 🍴

💛 原料

核桃仁30克、鱼肉100克;盐、植物油、葱、淀粉各适量。

💛 做法

1. 鱼肉洗净,剔去骨、刺,切丁,用淀粉拌匀,腌渍片刻;核桃仁炒熟,切碎;葱洗净,切末。
2. 锅置火上,放适量植物油,烧热后,下入鱼丁滑散,加葱末翻炒,再加核桃仁碎、盐翻炒均匀即可。

蛋奶鱼丁 🍴

💛 原料

鱼肉80克、鸡蛋1个(取蛋清);植物油、盐、白糖、葱末、姜末、牛奶、水淀粉各适量。

💛 做法

1. 鱼肉洗净,剔去骨、刺,剁成蓉状,放入适量葱末、姜末、盐、蛋清及水淀粉,搅拌均匀,放入盘中上锅蒸熟,晾凉后切成小丁。
2. 炒锅内放油,烧热后下入鱼丁煸炒,然后加适量水和牛奶,烧沸后加盐、白糖调味,用水淀粉勾芡即可。

妈 妈 喂 养 经

给宝宝吃净鱼肉做成的鱼丁,可以避免孩子被鱼刺卡喉的危险,还能使营养成分充分消化和吸收。而且这个菜添加了牛奶,使营养更加丰富,再加上颜色鲜艳、味道香浓,宝宝一般都会喜欢。

三色鱼丸 🍴

💛 原料

草鱼肉100克,胡萝卜末、青椒末、水发黑木耳末各10克,鸡蛋1个(取蛋清);葱末、姜末、高汤、香油、盐、淀粉、水淀粉、植物油各适量。

💛 做法

1. 草鱼肉洗净,去刺,剁泥,加蛋清、盐、葱末、姜末、淀粉和高汤搅匀,做成鱼丸,焯熟。
2. 爆香葱末,下胡萝卜末、青椒末、水发黑木耳末略炒,加高汤,煮沸后下鱼丸,用水淀粉勾芡,加盐、香油调味即可。

白玉鲈鱼片🍴

♥ 原 料

鲈鱼1条，鸡蛋1个（取蛋清），山药片、荷兰豆各50克；植物油、盐、水淀粉、葱姜汁各适量。

♥ 做 法

1 鲈鱼洗净，去骨、刺和皮，切薄片，用盐、鸡蛋清、水淀粉均匀上浆；荷兰豆洗净，切段。

2 油锅烧热，下鱼片炒熟；余油烧热，将山药片、荷兰豆段炒熟。

3 锅留余油放入葱姜汁，下炒熟的鱼片、山药片、荷兰豆段，中火翻炒2分钟，用水淀粉勾芡，加盐调味即可。

清蒸带鱼🍴

♥ 原 料

带鱼100克；葱、姜、盐、植物油各适量。

♥ 做 法

1 将带鱼洗净，切成块，两面剞十字花刀；葱、姜分别洗净，切末。

2 将带鱼块装盘，加入盐、葱末、姜末，上笼蒸15分钟至熟；锅置火上，倒入植物油烧至五成热，淋在鱼块上即可。

草鱼肉烧豆腐🍴

♥ 原 料

草鱼肉、豆腐各100克，竹笋片、蒜苗段各50克；植物油、酱油、盐、葱末、姜末、高汤各适量。

♥ 做 法

1 草鱼肉、豆腐分别洗净，切丁。

2 油锅烧热，下草鱼肉丁炒煎至金黄色，转小火加盖略焖。

3 锅内加入葱末、姜末、酱油，烧上色后，倒入高汤煮沸，下豆腐丁、竹笋片，再焖3分钟，转大火收汁，加入盐调味，撒上蒜苗段，盛盘即可。

红烧平鱼

🍴 原 料

平鱼1条，莴笋、水发香菇各50克；葱姜蒜汁、酱油、盐、白糖、醋、植物油各适量。

🍴 做 法

1 平鱼处理好，洗净；香菇去蒂，洗净，切丁；莴笋去皮，洗净，切丁。

2 锅中倒植物油烧热，将平鱼放入油中略炸片刻，捞出沥油。

3 锅留余油，放入葱姜蒜汁，加入酱油、醋和适量清水，用大火煮沸，再下炸平鱼、香菇丁和莴笋丁，转用小火焖10分钟，加盐和白糖调味即可。

妈妈喂养经

平鱼含有丰富的矿物质、蛋白质和不饱和脂肪酸，特别适合久病体虚、气血不足、倦怠乏力、食欲不振的宝宝食用。

番茄鳜鱼泥

🍴 原 料

番茄100克、鳜鱼200克；盐、葱花、姜末、白糖、植物油各适量。

🍴 做 法

1 番茄洗净，切块；鳜鱼洗净，去除内脏、骨刺，剁成鱼泥。

2 锅置火上，放入适量植物油，烧热后下葱花、姜末爆香，再放入番茄块煸炒片刻。

3 放入适量清水煮沸后，加入鳜鱼泥一起炖煮，加盐、白糖、葱花、姜末调味即可。

妈妈喂养经

鳜鱼含有蛋白质、脂肪、维生素、钙、钾、镁、硒等营养元素，肉质细嫩，极易消化，非常适合体弱、脾胃消化功能不佳的宝宝食用。

豌豆炒虾仁🍴

💛 原料

虾仁100克、豌豆50克；植物油、高汤、盐、水淀粉各适量。

💛 做法

1 豌豆洗净，焯水备用；虾仁去除沙线，洗净，沥干水分。
2 油锅烧热，将虾仁滑入锅内，快速翻炒10秒钟，捞出，沥油。
3 余油烧热，下豌豆翻炒，加入高汤煮沸后，再放入虾仁和盐，煮熟后用水淀粉勾芡即可。

虾仁豆腐🍴

💛 原料

豆腐100克、虾仁50克、鸡蛋1个；植物油、盐、白糖、酱油、水淀粉、肉汤、葱末各适量。

💛 做法

1 虾仁去除沙线，洗净，沥干水分；鸡蛋打散，放入虾仁搅拌均匀；豆腐放入沸水中煮3分钟，捞起沥干水分，切小块。
2 油锅烧热，炝香葱末，加白糖、酱油调味，倒入肉汤用大火煮沸，再放豆腐块、虾仁煮熟，加盐调味，用水淀粉勾芡即可。

腰果虾仁🍴

💛 原料

大虾100克、腰果30克、鸡蛋1个；植物油、醋、盐、淀粉、葱末、蒜末、姜末、高汤各适量。

💛 做法

1 大虾剥出虾仁，去除沙线，洗净；将鸡蛋打散，加盐、淀粉、虾仁抓匀；腰果、虾仁分别下油锅炸熟，捞出沥油。
2 锅中留油烧热，下葱末、蒜末、姜末爆香，再放醋、高汤，最后倒入虾仁、腰果，加盐调味即可。

妈妈喂养经

　　腰果含有较高的热量，宝宝经常食用可以提高机体抗病能力，增进食欲，同时，腰果还可以润肠通便，很适合便秘的宝宝。

清蒸基围虾

♥ 原料

基围虾100克；葱末、姜末、蒜末、盐、酱油、香油、香菜段各适量。

♥ 做法

1 基围虾剥出虾仁，去除沙线，洗净。
2 虾仁用盐、葱末、姜末拌匀，腌20分钟入味。
3 蒜末加酱油、香油，制成调味汁备用。
4 将基围虾仁放入大盘内，上蒸笼蒸15分钟，上桌前撒上香菜段，淋上调味汁即可。

妈妈喂养经

基围虾营养丰富，含有大量的蛋白质和镁，肉质松软，易消化，口感鲜甜，这种清蒸的做法可以保留食材的原味，符合宝宝口味。

海米油菜

♥ 原料

海米40克、油菜150克；盐、植物油、高汤各适量。

♥ 做法

1 海米洗净，用温水泡软；油菜洗净，切段。
2 油锅烧热后，加入高汤用大火煮沸，再把油菜段、海米一同下锅，转中火煮沸后，加盐调味，再转大火收汁。
3 盛盘时，将油菜段放在下面，海米放在上面，再淋入少许原汤汁即可。

蟹肉油菜

♥ 原料

蟹肉80克、油菜100克；盐、植物油、葱、姜、水淀粉各适量。

♥ 做法

1 蟹肉洗净，沥干水分，切块；葱、姜分别洗净，切成末；油菜洗净，切段，用沸水焯烫，捞出沥水。
2 锅置火上，放适量植物油烧热，下入葱末、姜末爆香，加蟹肉块煸炒。再放入油菜段炒至熟，加盐调味，用水淀粉勾芡即可。

蜜胡萝卜🍴

💜 原 料 · 🌸 ·

胡萝卜200克、蜜糖50克；香油适量。

💜 做 法 · 🌸 ·

1 胡萝卜去皮，洗净，切段。

2 锅中放入适量的水煮沸后，放入胡萝卜煮15分钟至熟软，捞起沥水，备用。

3 将胡萝卜加入蜜糖、香油拌匀即可。

凉拌黄瓜🍴

💜 原 料 · 🌸 ·

黄瓜200克；盐、香菜、香油各适量。

💜 做 法 · 🌸 ·

1 香菜洗净，切末；黄瓜洗净，切成片。

2 黄瓜片加入香油、盐搅拌均匀，最后撒上香菜末即可。

墨鱼仔黄瓜🍴

💜 原 料

黄瓜50克、墨鱼仔100克；熟芝麻、酱油、白糖、盐、醋、豆豉酱、姜、淀粉、香油、植物油各适量。

💜 做 法 · 🌸 ·

1 黄瓜洗净，切成薄片；姜洗净，切成细末。

2 墨鱼仔处理好后洗净。

3 将酱油、白糖、醋、淀粉、豆豉酱、水兑成调味汁。

4 锅内放植物油烧热，爆香姜末，将墨鱼仔放入锅中，加调味汁煮至汁液收干，加盐调味。

5 盛出墨鱼仔，放在黄瓜片上，淋上香油，撒上熟芝麻即可。

油菜炒香菇 ✕

♥ 原料

油菜200克、干香菇30克；植物油、盐、姜末、水淀粉、鸡汤各适量。

♥ 做法

1 油菜洗净，切段；干香菇泡发，洗净，切成片。

2 锅中倒入植物油烧热，下姜末爆香，放入油菜段和香菇片，大火炒2分钟，加鸡汤，转中火煮4分钟，待油菜、香菇烧熟，加盐调味；把炒好的油菜、香菇盛在盘中。

3 锅内汤再煮沸，用水淀粉勾芡后再淋在油菜、香菇上即可。

鲜香菇炒莴笋 ✕

♥ 原料

鲜香菇100克、莴笋50克；盐、葱、姜、水淀粉、植物油各适量。

♥ 做法

1 鲜香菇洗净，切成两半；莴笋去皮，洗净，切成片；葱、姜分别洗净，切成末。

2 锅置火上，放适量植物油烧热，放入香菇片、莴笋片，煸炒2分钟，再放适量水，转小火略烧3分钟，用水淀粉勾芡，加盐、葱末、姜末调味即可。

煮素丸子 ✕

♥ 原料

香菇、胡萝卜末、豆腐、面粉各100克；盐、香油、葱末、姜末、紫菜、植物油各适量。

♥ 做法

1 将香菇泡发，洗净，切碎；豆腐用沸水焯烫，压成泥；紫菜洗净，撕碎。

2 将香菇碎、胡萝卜末、豆腐泥、盐、葱末、姜末、面粉、植物油调匀，再制成小丸子。

3 锅中加水煮沸，下丸子煮熟，加盐、紫菜碎，淋上香油即可。

妈妈喂养经

此菜含有丰富的营养，非常有利于宝宝的身体发育，多种蔬菜搭配，营养均衡全面。

炒素什锦 🍴

❤ 原 料

水发香菇、番茄、黄瓜片、胡萝卜片、竹笋、西蓝花、荸荠、莴笋各40克；姜末、盐、水淀粉、植物油、鸡汤各适量。

❤ 做 法

1 水发香菇洗净，去蒂，切片；番茄洗净，切块；西蓝花洗净，掰成小朵；竹笋洗净，切段；荸荠、莴笋分别洗净，切成丁状。

2 香菇片、胡萝卜片、西蓝花朵、荸荠丁、莴笋丁分别焯烫，捞出沥水。

3 热油爆香姜末，放所有材料和鸡汤煮熟，用水淀粉勾芡，加盐调味即可。

妈妈喂养经

这可谓是一道营养大餐，妈妈可以根据宝宝的喜好，换不同食材平衡营养。

冬菇烧大白菜 🍴

❤ 原 料

大白菜100克、冬菇20克；盐、植物油、葱、姜、高汤各适量。

❤ 做 法

1 冬菇用温水泡发，去蒂，洗净，撕小块；大白菜洗净，切成段；葱、姜分别洗净，切成末。

2 锅置火上，放适量植物油烧热，下姜末爆香，再放入大白菜段炒至半熟后，放入冬菇块和高汤，转中火煮至冬菇软烂，加盐、葱末调味即可。

妈 妈 喂 养 经

此菜是增强宝宝免疫力的一道好菜，可加少许虾皮，不但味道好，还可以补钙。

甜酸丸子 🍴

💗 原料

猪瘦肉末100克、面包屑30克、鸡蛋1个；植物油、水淀粉、番茄酱、盐、姜末各适量。

💗 做法

1. 鸡蛋打散拌匀；猪瘦肉末放入盘内，加入蛋液、面包屑、盐、水淀粉和姜末拌匀，制成小丸子；番茄酱用水调成汁备用。
2. 锅内倒油烧热，放入小丸子炸成金黄色后捞出，调上番茄酱汁即可。

烩豌豆 🍴

💗 原料

鸭蛋1个、豌豆100克；盐、葱、高汤、水淀粉、植物油各适量。

💗 做法

1. 鸭蛋取蛋黄，打散，入油锅中炒成块；豌豆洗净，焯熟，沥水；葱洗净，切末。
2. 锅置火上，加少许植物油，烧热后下入鸭蛋黄块，略煸几下，放入高汤、豌豆、葱末，小火煮沸后，放入水淀粉，用中火将汤汁煨浓，加盐调味即可。

妈妈喂养经

妈妈做这道菜的时候，一定要把豌豆焯熟，这样可以去除豌豆的腥味，而且更容易煮烂、入味，有助于宝宝消化和吸收。

豆腐碎黑木耳 🍴

💗 原料

豆腐100克，水发黑木耳25克，水发香菇20克；盐、香菜、植物油各适量。

💗 做法

1. 豆腐洗净，切成小丁，沸水焯过，捞出，沥干水分；黑木耳、香菇分别洗净，切丝；香菜洗净，切成段。
2. 油锅烧热，下入豆腐丁、香菇丝和黑木耳丝炒熟，撒上香菜段，加盐调味即可。

烩蔬菜五宝🍴

♥原料

荸荠100克，黑木耳10克，胡萝卜、土豆、蘑菇各50克；植物油、盐各适量。

♥做法

1 将胡萝卜、土豆、荸荠分别去皮，洗净，切片。

2 蘑菇洗净，切片。

3 黑木耳用温水泡发，洗净，撕成小块。

4 锅置火上，加适量植物油烧热，先放入胡萝卜片翻炒，再放入蘑菇片、土豆片、荸荠片和黑木耳块，加少许清水，中火炒5分钟至熟后，加盐调味即可。

奶油菠菜🍴

♥原料

菠菜叶100克、奶油20克；黄油、盐各适量。

♥做法

1 将菠菜叶洗净，用沸水焯一下，切碎。

2 锅置火上，放入适量黄油，烧热后下入奶油，待奶油溶化后，下入菠菜碎，用中火煮3分钟至熟透，加盐调味即可。

妈妈喂养经

妈妈一定要将菠菜叶提前焯一下，否则会影响宝宝对钙质的吸收。

草菇蛋花汤 🍴

♥ 原料

草菇100克、鸡蛋2个、鸡肉50克；鲜奶、盐、水淀粉、植物油、葱末各适量。

♥ 做法

1 鸡肉洗净，切丝，用盐拌匀；草菇洗净，切片；鸡蛋磕入碗中打散。

2 油锅烧热，爆香葱末，倒入鸡肉丝、草菇片，炒3分钟至鸡肉半熟。

3 倒入鲜奶和适量清水，煮5分钟，再加入蛋液，用水淀粉勾芡，加盐调味即可。

丝瓜蘑菇汤 🍴

♥ 原料

丝瓜100克、蘑菇50克、鸡蛋1个；盐、植物油、葱末各适量。

♥ 做法

1 鸡蛋磕入碗中搅拌均匀；蘑菇洗净，切片；丝瓜去皮，洗净，切片。

2 锅中倒油烧热，下蘑菇片爆炒半分钟，再加入丝瓜片略炒。

3 加入适量凉水，待水煮沸后，倒入鸡蛋液，再次煮沸后，撒入葱末，加盐调味即可。

五色紫菜汤 🍴

♥ 原料

紫菜末5克，竹笋10克，豆腐50克，菠菜、水发冬菇各25克；酱油、姜末、香油各适量。

♥ 做法

1 豆腐洗净，焯水，切块；冬菇、竹笋分别洗净，切细丝，焯水；菠菜洗净，切小段，焯水备用。

2 锅内加水煮沸，下冬菇丝、竹笋丝、豆腐块、紫菜末、菠菜段，放酱油、姜末，待汤煮沸时，淋少许香油即可。

银耳珍珠汤 🍴

❤ 原 料 ·🌸·

银耳25克，鸡脯肉150克，鸡蛋2个；番茄酱、菠菜汁、水淀粉、高汤、香油、盐、料酒各适量。

❤ 做 法 ·🌸·

1 将银耳用凉水浸泡30分钟，择净杂质去蒂，放入大汤碗内，加入部分高汤、少许盐，用碗盖封口，上锅蒸10分钟取出。

2 鸡蛋磕破，蛋清、蛋黄分开放，将鸡脯肉剔净筋皮，用刀背砸成蓉，放入锅内，加入蛋清、料酒、盐、水淀粉拌匀。

3 把鸡蓉分成3份，分别加上番茄酱做成红色小丸子，加上菠菜汁做成绿色小丸子，加上蛋黄做成黄色小丸子，放入沸水锅内煮熟，捞出。

4 将剩余高汤放入锅内，加入盐，把银耳连同原汁倒入锅内，待汤沸后，下入丸子，稍后淋上香油即可。

虾仁丸子汤 🍴

❤ 原 料 ·🌸·

猪肉泥100克，虾仁25克，鸡蛋1个，香菇片、胡萝卜片、竹笋片、青豆各20克；盐、白糖、香油、淀粉、胡椒粉、鸡汤各适量。

❤ 做 法 ·🌸·

1 虾仁洗净，去沙线，剁泥，和猪肉泥一起加鸡蛋、淀粉、盐、白糖搅匀，挤成小丸子；胡萝卜片、香菇片、竹笋片、青豆分别焯烫备用。

2 锅中加鸡汤煮沸，放丸子、胡萝卜、竹笋片、香菇片、青豆，煮熟，加盐、香油、胡椒粉调味。

莲藕薏米排骨汤 🍴

❤ 原 料 ·🌸·

排骨段150克、藕50克、薏米20克；香菜末、香油、盐各适量。

❤ 做 法 ·🌸·

1 藕去皮，洗净，切厚片；薏米洗净。

2 排骨段洗净，用沸水焯过，捞出沥水。

3 锅置火上，放适量水煮沸后，将排骨段、薏米和藕片放入，转小火煮45分钟至排骨熟烂，加盐调味，放香菜末、淋香油即可。

胡萝卜牛肉汤🥄

💗原料 ⚜

牛腩300克，山楂2个，胡萝卜100克，青椒50克；姜片、葱段、料酒、盐、清汤、植物油各适量。

💗做法 ⚜

1 牛腩洗净切块，入沸水焯烫，捞出沥干；胡萝卜洗净切块，入沸水焯烫；山楂洗净；青椒洗净，切块。

2 砂锅放清汤、牛腩块、山楂、姜片、葱段、料酒焖煮2小时，放胡萝卜块、青椒块再焖煮10分钟，加盐调味即可。

妈妈喂养经

牛肉蛋白质含量高，而脂肪含量低，味道鲜美，氨基酸组成比猪肉更接近人体需要，能提高机体抗病能力。

鸡蛋卷🥄

💗原料 ⚜

鸡蛋4个、猪瘦肉100克、面粉20克；盐、香油、淀粉、植物油各适量。

💗做法 ⚜

1 猪瘦肉洗净，剁成泥，加淀粉、盐、香油，拌匀。

2 鸡蛋打散，加入适量淀粉、面粉，搅拌均匀。

3 平底锅用植物油抹过，倒入鸡蛋液，用中火摊成鸡蛋薄皮；将鸡蛋皮置于平盘中，上铺肉泥，卷成宽条。

4 将蛋卷入蒸锅蒸8分钟至熟，晾凉，切片即可。

妈妈喂养经

鸡蛋液中加适量的淀粉，可以让蛋饼更加松软可口，宝宝更喜欢吃。

芝麻酥饼 🍴

💛 原 料

面粉200克、莲蓉馅50克、芝麻30克；黄油、植物油、红糖各适量。

💛 做 法

1 将面粉、水、黄油拌匀，制成面团，再做成等量大的5个小剂子，擀成面皮；将少量面粉加黄油、红糖拌成油酥料。

2 取油酥料包入面皮，用擀面杖压长，卷起再折成团，取莲蓉馅50克包入油酥皮，封口后擀成饼，裹上芝麻。

3 将小饼放入预热好的烤箱，用190℃的温度烤20分钟即可。

妈 妈 喂 养 经

芝麻含有大量的脂肪和蛋白质，还有碳水化合物、维生素A、维生素E、卵磷脂、钙、铁、镁等营养成分，宝宝常吃可以增强体质，健脑益智。

烙饼 🍴

💛 原 料

面粉500克；植物油适量。

💛 做 法

1 将面粉用热水烫至六成熟，再用凉水揉匀，分成20个小面团。

2 将20个面团擀成2厘米厚的薄饼，其中的10个饼逐个刷上油，另10个饼盖在上面，再擀成薄饼。

3 平底锅置火上，抹上些许植物油，烧热后，放入薄饼，两面各烙3分钟至熟后，将饼取出，晾凉后分成两张即可。

妈妈喂养经

宝宝在吃米饭的同时，也应适量吃些饼，这样不但可以均衡营养，还能调理肠胃。

土豆泥饼

♥ 原料

土豆100克、面粉200克、鸡蛋2个；植物油、盐各适量。

♥ 做法

1 鸡蛋打散搅匀；把土豆洗净、蒸熟、去皮、捣成泥状，加入鸡蛋、盐、面粉拌匀，做成10个等份圆形饼坯。
2 锅中加油烧热，把土豆饼坯逐个放到油锅里炸1分钟捞出。
3 将油锅继续加至七成热时，再将土豆饼坯放进去，再炸半分钟，至两面呈金黄色即可。

葱油饼

♥ 原料

面粉200克、鸡蛋1个；酵母粉、葱末、植物油、盐各适量。

♥ 做法

1 酵母粉用温水泡开。
2 将鸡蛋打入面粉中，加酵母水搅拌均匀，揉搓成面团。
3 饧20分钟后将面团擀成大薄片，撒层盐擀匀，再倒油抹匀，撒入葱末卷起，分割成10个剂子。
4 将面剂子的两头捏实，拧成麻花状，再向中间按扁，擀成饼。
5 放入五成热的平底油锅中，烙至两面金黄，切块装盘即可。

鸡蛋面饼

♥ 原料

发酵面团250克、鸡蛋3个；葱末、盐、植物油各适量。

♥ 做法

1 鸡蛋打散成蛋液，加葱末、盐拌匀；发酵面团揉匀搓条，挤压成圆饼状。
2 平底锅倒油，下入饼坯，煎至两面金黄，取出。
3 蛋液倒入平底锅摊成蛋饼，趁蛋液尚未凝固，把煎好的面饼覆盖其上，再煎片刻至全熟，食用时切块即可。

黄鱼小饼 🍴

♥ 原 料

黄鱼肉50克；牛奶、葱末、盐、植物油、淀粉各适量。

♥ 做 法

1 黄鱼肉洗净，剔去骨、刺，去皮，剁成泥。

2 将黄鱼肉泥放入碗内，加入葱末、牛奶、盐、淀粉，搅成稠糊状，制成有黏性的鱼肉馅，再分成5等份，做成5个小圆饼。

3 平底锅内倒植物油烧热，把鱼肉圆饼分别放入锅内，煎3分钟，至两面呈金黄色即可。

麻酱卷 🍴

♥ 原 料

芝麻酱100克、鸡蛋1个、面粉500克；盐、植物油、酵母粉各适量。

♥ 做 法

1 酵母粉用温水泡开。

2 将鸡蛋打入面粉中，加酵母水搅拌均匀揉搓成面团，饧20分钟。

3 芝麻酱加盐、植物油、适量清水，搅拌均匀。

4 将饧好的面团擀成大片，在上面均匀地刷上调好的芝麻酱，再卷成长条，切成等量的小剂子，小剂子两边不封口，拧成花卷。

5 上蒸锅用大火蒸15分钟即可。

鱼肉蛋饼 🍴

♥ 原料

鸡蛋1个、鱼肉200克；植物油、盐、番茄酱、葱末各适量。

♥ 做法

1 鱼肉剔骨、刺，去皮，煮熟，放入碗内研碎。
2 将鸡蛋磕入碗内，加入鱼泥、葱末、盐，调拌均匀，制成5个小圆饼。
3 锅内放油烧至四成热，将鱼肉鸡蛋小圆饼放入油锅内煎炸，煎好后把番茄酱浇在上面即可。

开花馒头 🍴

♥ 原料

面粉400克、青红丝；酵母粉、白糖、碱面各适量。

♥ 做法

1 将面粉放入盆内，加酵母粉、温水，和成面团，再加入碱面、白糖，揉匀，稍饧片刻，搓成长条，揪成20个小剂子。
2 蒸锅置火上，加适量水，大火煮沸后，将面剂子放蒸笼上，剂口朝上，然后把青红丝摆在剂子上，用大火蒸15分钟即可。

玉米馒头 🍴

♥ 原料

玉米面500克、面粉30克；酵母粉、碱水各适量。

♥ 做法

1 玉米面加酵母粉、面粉、清水和匀，发酵后再放入适量碱水揉匀，饧20分钟。
2 将饧好的面团搓至表面光滑，平均分成12等块，做成馒头生坯。
3 蒸锅置火上，将馒头生坯摆入，以大火蒸15～20分钟即可。

妈 妈 喂 养 经

　　玉米中富含大量的膳食纤维及蛋白质、脂肪、淀粉、矿物质、维生素等多种营养素，宝宝多吃点杂粮，有助于消化，强健脾胃。

虾仁小笼包 🍴

❤ 原 料 · · ⭐

虾仁250克，猪五花肉、猪肉皮冻、包子皮各50克；香油、葱末、盐、黑芝麻、酱油、姜末各适量。

❤ 做 法 · · ⭐

1 猪五花肉洗净，剁成泥。
2 猪肉皮冻切成细粒。
3 虾仁去除沙线，洗净，切成细粒。
4 将虾仁粒与五花肉泥混合，加入酱油、盐、姜末、香油、葱末、黑芝麻以及猪肉皮冻粒，拌匀成馅。
5 包子皮内包入馅料，做成小包子，摆放在笼屉里，上锅蒸熟即可。

猪肉韭菜包 🍴

❤ 原 料 · · ⭐

韭菜100克、猪肉200克、包子皮50克；酱油、盐、葱末、姜末、植物油各适量。

❤ 做 法 · · ⭐

1 韭菜洗净，切末；猪肉洗净，剁成泥，加酱油、盐、植物油、葱末、姜末与韭菜末制成馅。
2 取包子皮，包入适量的馅料，摆放在笼屉里，置沸水锅上，用大火蒸10分钟即可。

枣泥包 🍴

❤ 原 料 · · ⭐

红枣200克、面粉500克；白糖、酵母粉、碱面水各适量。

❤ 做 法 · · ⭐

1 红枣洗净后煮熟，去核、皮，加白糖、少量面粉做成枣泥馅。
2 面粉内加酵母粉、温水，和成面团发酵，再加碱面水揉匀，饧20分钟备用；将面团搓成长条，切成小剂子，再将小剂子压成面片，包入枣泥馅料。
3 将包好的枣泥包放入沸水蒸锅内，大火蒸10分钟即可。

山药三明治

❤ 原 料

新鲜吐司面包2片、山药100克、小黄瓜30克；奶酪适量。

❤ 做 法

1 新鲜吐司面包去皮，对角切成三角形。

2 山药洗净，蒸熟，去皮，切成片；小黄瓜洗净，切片。

3 将小黄瓜、山药片、奶酪夹入吐司面包中即可。

山药凉糕

❤ 原 料

山药200克，青梅、樱桃、琼脂各30克；白糖适量。

❤ 做 法

1 青梅、樱桃分别洗净，去核，切丁；山药洗净，蒸熟，去皮，研成泥；锅中加水煮沸，下入琼脂和白糖熬化，用纱布过滤，再倒回锅内。

2 锅中放入山药细泥，煮熟搅匀，倒入碗中，冷却后入冰箱镇凉。吃时切成菱角块，上撒青梅丁、樱桃丁即可。

花生糖三角

❤ 原 料

面粉200克、红糖50克、花生仁20克；桂花、碱面、酵母粉各适量。

❤ 做 法

1 面粉加水、酵母粉和匀，发酵好后掺入碱面，揉匀后揪成小面剂。

2 花生仁洗净，晾干，切碎。

3 红糖加上少量面粉拌均匀，再加上花生碎、桂花，制成糖馅。

4 把面剂擀成圆皮，包入糖馅，然后用手往上收拢封口，捏成三角形，摆入蒸笼内，用大火蒸15分钟即可。

妈妈喂养经

糖三角味道甘美，有浓郁的花生香味，口感细腻，比较符合宝宝的口味，且具有调理肠胃的功效。

扁豆枣肉糕

♥ 原 料

白扁豆100克、红枣200克、糯米粉500克；白糖适量。

♥ 做 法

1 将白扁豆洗净，加适量清水泡软，用搅拌机搅成糊状。

2 红枣洗净，煮熟，去皮，去核，研成枣泥。

3 将白扁豆糊与糯米粉、白糖、枣泥加水和匀，放入沸水蒸锅中，大火蒸10分钟即可。

蒸鱼肉

♥ 原 料

鱼肉200克、洋葱50克、鸡蛋1个（取蛋清）；葱、盐各适量。

♥ 做 法

1 鱼肉去骨、刺，洗净，切成小块；洋葱洗净，切碎；葱洗净，切末。

2 在鱼肉块里加入洋葱碎、蛋清、葱末、盐搅拌成泥状，再将鱼泥倒入碗内，上笼蒸10分钟即可。

圆白菜煨面

♥ 原 料

圆白菜50克、面条100克；盐、葱末、姜末、植物油各适量。

♥ 做 法

1 圆白菜洗净，切丝。

2 锅置火上，放入适量清水，下入面条煮熟后，捞出沥干水分。

3 锅内放油烧热，爆香葱末、姜末，放入圆白菜丝煸炒，加入适量水，放煮好的面条，稍煮，加盐调味即可。

> **妈妈喂养经**
>
> 圆白菜富含多种维生素，适合宝宝食用，有利于宝宝营养均衡。

三鲜面

原料

面条100克，虾仁、白菜、水发香菇各20克；高汤、盐、葱、香油、植物油各适量。

做法

1 虾仁去除沙线，洗净，切碎。

2 白菜、水发香菇分别洗净，切碎。

3 葱洗净，切末。

4 锅置火上，放入适量植物油烧热，爆香葱末，再下香菇碎、白菜碎、虾仁碎翻炒片刻。

5 再倒入高汤煮沸，下入面条，用中火煮5分钟至熟，加盐调味，出锅前淋香油即可。

绿豆芽拌面

原料

面条、绿豆芽各100克，黄瓜50克；葱、香油、盐各适量。

做法

1 黄瓜和葱分别洗净，切丝；绿豆芽洗净，用沸水焯熟，沥干水分。

2 锅置火上，加入适量清水，大火煮沸后，下入面条，转中火煮5分钟至熟后，捞出沥水。

3 面条中加入香油、盐、绿豆芽、黄瓜丝和葱丝，拌匀即可。

猪肉茴香水饺

原料

茴香150克，猪肉、饺子皮各50克；香油、葱末、姜末、盐、酱油各适量。

做法

1 猪肉洗净，剁成泥，加入盐、葱末、姜末、酱油和香油，搅拌成肉馅；茴香洗净，沥去水，剁碎与肉泥调匀，做成饺子馅。

2 取饺子皮，包好馅，做成饺子生坯。

3 锅置火上，加清水，煮沸后下入饺子，用中火煮沸后，再加少许凉水，重复加凉水3次，再次煮沸时，捞出即可。

南瓜拌饭

♥ 原 料

南瓜30克、大米50克、白菜叶20克；盐、香油、高汤各适量。

♥ 做 法

1 南瓜去皮，洗净，切成碎粒；白菜叶洗净，切碎。

2 大米洗净，加高汤浸泡，再放在电饭锅内煮10分钟，待煮沸后，加入南瓜粒、白菜叶碎搅拌均匀，继续煮20分钟，最后加香油、盐调味即可。

妈妈喂养经

　　有种说法说南瓜含维生素C分解酶，不要同富含维生素C的食物同食，事实上南瓜所含维生素C分解酶不耐热，南瓜做熟后该酶即失去活性，不会影响维生素C的吸收利用。

鸡蛋虾仁水饺

♥ 原 料

鸡蛋、虾仁各200克，饺子皮50克；盐、葱末、植物油、香油各适量。

♥ 做 法

1 鸡蛋打散，搅拌均匀，下油锅炒成鸡蛋碎；虾仁去除沙线，洗净，切碎。

2 将虾仁碎、葱末、鸡蛋碎、盐、植物油、香油拌匀，制成馅料备用；取饺子皮，包入馅料，做成饺子生坯。

3 锅内加水，煮沸后下入饺子，再次煮沸后加凉水；重复3次，再次煮沸时，捞出即可。

妈 妈 喂 养 经

　　妈妈也可以用此馅给宝宝做成馄饨或包子，味道鲜香，营养颇丰，且做法简单。

花样炒饭 🍴

♥ 原料

米饭100克，鸡蛋1个，油菜末、胡萝卜丁、香菇丁、黄瓜丁各20克；盐、葱末、植物油各适量。

♥ 做法

1 鸡蛋打散，摊成鸡蛋饼，取出切丁。
2 锅置火上，加植物油烧热，炝香葱末，再下油菜末、胡萝卜丁、黄瓜丁、香菇丁、鸡蛋丁和米饭翻炒，炒熟后加盐调味即可。

妈 妈 喂 养 经

此饭可以做成粥，味道同样鲜美。炒饭里的蔬菜可以根据宝宝的口味，任意搭配，在做这个炒饭的时候，妈妈可以用剩下的蔬菜做一道清新爽口的汤，搭配米饭食用，宝宝一定吃得又开心又营养。

牛肉卷饼 🍴

♥ 原料

牛扒2片，荷叶薄饼2张，生菜叶适量；植物油、盐、肉酱各适量。

♥ 做法

1 牛扒洗净后，放入盐拌匀，腌20分钟左右。
2 起油锅烧热后，下入牛扒煎至八成熟。
3 取荷叶薄饼，将牛扒和生菜叶依次铺好，刷上一点肉酱，然后卷起来，切片即可。

妈 妈 喂 养 经

牛肉卷饼肉香饼软，吃起来软绵可口，清香不腻，而且蛋白质、膳食纤维以及维生素的含量都很高，对宝宝的健康成长非常有好处。

五彩饭团 🍴

💙 原 料 ⭐

米饭100克，鸡蛋1个，胡萝卜30克，海苔15克；盐适量。

💙 做 法 ⭐

1 米饭分成8份，搓成圆形。

2 鸡蛋煮熟，取出蛋黄，碾成末；火腿、海苔切末；胡萝卜洗净，去皮，切丝后焯熟，捞出后切细末。

3 在饭团外面分别粘上蛋黄末、胡萝卜末、海苔末、盐即可。

妈 妈 喂 养 经

换一种烹调方法将炒饭的食材做成饭团，可以避免食物单一化，给宝宝新鲜感，增强宝宝的食欲。

荤素四味饭 🍴

💙 原 料 ⭐

米饭100克，黄瓜丁、土豆丁、香菇、猪肉各20克；植物油、葱末、盐、淀粉、高汤各适量。

💙 做 法 ⭐

1 猪肉洗净，切成细丁，加盐、淀粉搅拌裹匀。

2 香菇用温水泡发，去蒂，洗净，切成碎末。

3 锅内倒植物油烧热，放入猪肉丁煸炒，加高汤，用中小火焖烧至肉丁熟烂。

4 锅内加入土豆丁、香菇碎，小火烧煮至土豆熟烂，加入葱末、黄瓜丁、米饭翻炒2分钟，加盐调味即可。

Part 8

宝宝常见病食疗 (0～3岁)

Chapter 1 营养均衡，宝宝才能不生病

🐰 营养是保证宝宝健康成长的重要基础

人体从日常食物（食品）中获得所需的营养素并由此获得能量以支持生理活动、补充机体各器官组织的损耗或修复组织伤残及维护生命运行。处在生长发育过程中的儿童，还需获得比成人多的营养素及能量以满足快速生长的需要，而且越是在生长发育较快的年（月）龄段，其所需营养素及能量就越多。也就是说，营养素是保证儿童正常生长发育、身心健康发展的重要基础。身高、体重、Kaup指数及体质指数（BMI）等作为儿童生长发育水平的标志，通常都能反映该儿童的营养状况及健康水平。

🐰 平衡膳食是维护宝宝健康的最基本的要素之一

营养素每天都以膳食的形式为儿童提供合理用量的各种必需营养成分，主副食品种有30种左右。但是有一点应该记住，平衡膳食食谱中的任何食物及其所含有的营养素都有独自的属性及使用限度，摄入过少会出现营养素缺乏并引发疾病，摄入过多会有毒副作用。因而，人们在选择食品的时候，一定要有一个量的概念，并注意到这个量的适用范围，过多和

蛋白质　无机盐　脂肪　膳食纤维　碳水化合物　维生素

不及都对健康不利。

大家都知道，肉、鱼、蛋、奶、大豆等是含优质蛋白质的良好食物，少了不行，放开肚子吃也会吃出病来。膳食营养素的摄取是通过食物才得以实现的，因此要着意在合理范围内选用食物和确定科学的摄入量。

🐰 父母必须知道的宝宝膳食原则

婴儿期和青少年期（女孩是9～13岁、男孩是11～15岁，男孩发育比女孩晚两年）是孩子生长发育速度最快的两个时段。合理的营养是促进孩子正常发育和健康成长的物质保证，具体操作要做到有规律地按照科学的比例提供孩子生长发育所需要的能量和各种营养素。

● 抓住大脑发育关键期

婴儿期正是脑细胞继续（分裂）增殖和脑细胞个体增大的重要阶段。这个时期应及时添加适宜辅食和满足制造脑细胞核及细胞质所需的蛋白质、合成脑细胞膜及神经髓鞘的必需不饱和脂肪酸、帮助脂肪氧化和蛋白质代谢的碳水化合物，以及构成骨骼的钙、磷和骨胶质等，协同大脑功能运作的几种微量元素铁(Fe)、锌(Zn)、硒(Se)、铜(Cu)、溴(Br)、铝(Al)等，还有能促进脑发育和调节脑功能的维生素A、维生素D、维生素B_{12}等。因此，1岁以内的婴儿也要有计划地摄入谷类、豆类、禽、肉、肝、血、蛋、奶、植物油、深色蔬菜（绿色、橙色）和水果等，不能单一地靠牛奶或母乳作为主食。

● 补钙要从未出牙开始

婴儿从6～7个月开始萌出乳牙，两岁半前乳牙全部出齐，从6岁开始，乳牙逐渐脱落，恒牙开始萌出，长期钙摄入不足不仅会影响牙齿骨骼的长度和成熟程度，还可导致乳牙较晚萌出，也会影响恒牙的形成或致其错位、畸形等。牙齿的钙化过程早在萌出前就已开始，因此，膳食中应注意经常为婴儿选食含钙量较高的食物，如虾皮、海带、紫菜、黑木耳、黑芝麻等食品，以及奶类、豆类、水果和绿叶蔬菜等，以满足骨骼生长的需要。

● 补充造血物质要及时

随着儿童年龄的增长，原来具有造血功能的红骨髓逐渐被脂肪细胞所代替，变成暂停造血功能的黄骨髓。随着体重的增加，血容量和红细胞的绝对量都成倍增多。由于红细胞的寿命只有120天，需要有新的红细胞替换衰老的红细胞，这就要不断从食物中摄入蛋白质和铁以合成血红蛋白。因此，若不及时补充造血物质，便会发生营养性缺铁性贫血。所以，要经常不断地提供给儿童含有血红素铁（最易被小肠直接吸收的亚铁Fe^{2+}）的瘦肉、动物肝脏和动物血等食物。

Chapter 2 感冒

白萝卜生姜汁

♥ 原料

白萝卜250克、生姜15克;白糖适量。

♥ 做法

1 将白萝卜、生姜分别洗净,生姜去皮,切片,白萝卜切块。
2 将切好的白萝卜块、生姜片放入榨汁机中榨汁。
3 将榨好的汁过滤,加入适量白糖搅匀即可饮服。

妈妈喂养经

感冒是宝宝常患的疾病之一,白萝卜生姜汁具有祛寒疏风、解毒消肿的作用,患风寒感冒的宝宝可适当饮用。

豆腐葱花汤

♥ 原料

豆腐100克;葱花、盐、香油各适量。

♥ 做法

1 豆腐用清水浸泡30分钟捞出,洗净,切片。
2 炒锅置火上,加入适量清水,放入豆腐片,大火煮沸后,再用小火煮20分钟。
3 撒入葱花,再煮2分钟,关火,加盐调味,淋少许香油即可。

桑叶薄竹饮

♥ 原料

桑叶、菊花各5克,薄荷、白茅根各3克,淡竹叶20克;蜂蜜适量。

♥ 做法

1 桑叶、菊花、薄荷、白茅根、淡竹叶分别用清水洗净,放入茶壶中。
2 将适量沸水倒入茶壶中,浸泡10分钟,喝时将适量蜂蜜放入杯中调味即可。

妈妈喂养经

在储存蜂蜜时,不能用金属器皿,如果用了,会增加蜂蜜中重金属的含量。

香菜豆腐鱼头汤 🍴

♥ 原 料 ⋯ ⋯

淡豆豉10克、草鱼头100克、豆腐50克；植物油、香菜末、葱花、盐各适量。

♥ 做 法 ⋯ ⋯

1 将淡豆豉、草鱼头分别洗净。

2 豆腐用清水浸泡30分钟左右，捞出，洗净，切片。

3 锅置火上，加入植物油烧热，将草鱼头和豆腐片放入锅中，煎至呈金黄色。

4 再放入淡豆豉，加入适量清水，用大火烧沸，转小火煮30分钟。

5 将香菜末、葱花放入锅中煮沸，2分钟后关火，加盐调味即可。

黄瓜豆腐汤 🍴

♥ 原 料 ⋯ ⋯

黄瓜50克、豆腐100克；盐适量。

♥ 做 法 ⋯ ⋯

1 黄瓜洗净，切片；豆腐用清水泡30分钟后捞出，洗净，切片。

2 将黄瓜片和豆腐片一起放入汤锅中，加入适量清水煮熟。

3 加入适量盐调味即可。

妈妈喂养经

　　黄瓜可除热利尿，对感冒有一定疗效。黄瓜尾部含有的苦味素，具有抗癌的作用，妈妈在烹制黄瓜时，最好不要把尾部全丢掉，让宝宝吃些，有益健康。

葱白粥

♥ **原 料**

葱白、生姜各30克，大米50克；白糖适量。

♥ **做 法**

1 葱白、生姜分别洗净，葱白切段，生姜切片；大米淘洗干净。

2 砂锅加入适量清水，放入大米，大火煮沸，再用小火煮20分钟左右，放入葱白段和生姜片，5～10分钟后关火，放入白糖调味即可。

薄荷牛蒡子粥

♥ **原 料**

薄荷6克、牛蒡子10克、大米50克；白糖适量。

♥ **做 法**

1 将薄荷、牛蒡子、大米分别洗净备用。

2 砂锅置火上，加入适量清水，放入牛蒡子煮15分钟，捞出牛蒡子，留汁备用。

3 锅中加适量清水，放入大米用大火煮沸，转小火煮。

4 粥将好时，将牛蒡子汁倒入锅中，煮5分钟，加入适量白糖调味，加薄荷即可。

大白菜绿豆汤

♥ **原 料**

大白菜100克、绿豆10克；白糖适量。

♥ **做 法**

1 大白菜洗净，切块；绿豆洗净。

2 砂锅中加入适量清水，放入绿豆煮至五成熟，再将大白菜块放入绿豆汤内同煮。

3 煮至绿豆开花、白菜块熟烂后，关火，加入白糖调味即可。

妈妈喂养经

感风热感冒的宝宝会出现发热有汗，头涨痛，咽喉红肿疼痛，咳嗽，痰黏或黄，鼻塞涕黄，口渴，舌尖边红等症状。大白菜绿豆汤有清热解毒的功效，感风热感冒的宝宝可以多吃些。

梨香去热粥🥄

❤ 原 料

梨250克（1个）、大米50克；冰糖适量。

❤ 做 法

1 梨洗净，去皮、心，切小丁备用；大米洗净备用。

2 砂锅内加入适量清水，放入大米，用大火煮沸，再转小火慢熬，粥将好时，放入梨丁、冰糖，再煮10分钟即可。

妈妈喂养经

　　梨有清热、化痰等功效，患风热感冒的宝宝可适当多吃。但要注意，如果喝热水或食用油腻食物后，马上吃梨容易引起腹泻。

清热荷叶粥🥄

❤ 原 料

鲜荷叶5克（也可用干荷叶泡发）、大米50克；白糖适量。

❤ 做 法

1 将鲜荷叶洗净，切末备用；大米洗净备用。

2 砂锅内加入适量清水，放入荷叶末煎汁，将汁沥出备用。

3 清水锅中放入大米，用大火烧沸，再转小火熬煮，待粥将好时，倒入荷叶汁，加入适量白糖调味即可。

香菜绿豆芽🥄

❤ 原 料

绿豆芽100克、香菜20克；植物油、盐、醋各适量。

❤ 做 法

1 绿豆芽择洗干净，用清水浸泡15分钟，捞出沥干备用；香菜洗净，切段备用。

2 锅置火上，倒入植物油烧热，放入绿豆芽迅速翻炒，放入香菜段，加入醋，至绿豆芽熟后放适量盐，翻炒均匀即可。

妈妈喂养经

　　外感风寒的宝宝可多吃些香菜，但妈妈要注意，腐烂、发黄的香菜不宜食用，这样的香菜可能会产生毒素。

Chapter 3 咳嗽

核桃生姜饮 🍴

♥ 原 料

核桃5个、生姜50克；白糖适量。

♥ 做 法

1 核桃破壳，取出核桃仁，捣碎；生姜用清水洗净，切片。

2 将生姜片放入榨汁机中榨汁，去渣，留汁液备用。

3 将捣碎的核桃仁和适量白糖放入生姜汁中，搅匀即可。

妈妈喂养经

父母要学会识别不同的咳嗽类型，对症采取食疗方法。核桃生姜饮适合风寒咳嗽，这种咳嗽的特点是咽痒，咳痰清稀，鼻塞流清涕。

梨藕二汁饮 🍴

♥ 原 料

藕、梨各250克；白糖适量。

♥ 做 法

1 藕洗净，去皮，切片；梨洗净，去皮、心，切块。

2 将藕片、梨块一同放入榨汁机中，榨汁。

3 将榨好的汁过滤后加入白糖，搅拌均匀即可。

荸荠百合羹 🍴

♥ 原 料

荸荠30克、鲜百合5克、梨1个；冰糖适量。

♥ 做 法

1 荸荠去皮，洗净，捣烂；梨洗净，去心，连皮切末；百合洗净备用。

2 砂锅置加适量清水，放入荸荠、百合、梨大火煮沸。

3 放入冰糖，用小火煮至汤稠，待荸荠、百合、梨熟烂即可。

鲜橘皮粥 🍴

💛 原料 ·🌼🌸·

鲜橘皮20克、大米50克；白糖适量。

💛 做法 ·🌼🌸·

1 鲜橘皮洗净，切丝；大米淘洗干净，用清水浸泡2小时。
2 砂锅加入适量清水，放入橘皮丝大火煮沸，再加入泡好的大米，大火煮沸后，转小火煮30分钟，粥成后，放入白糖搅匀即可。

妈妈喂养经

鲜橘皮粥对痰温咳嗽有一定的治疗作用。痰温咳嗽的特点是痰多、痰液清稀、早晚咳重，常伴有食欲不振、口水较多等症状。

猪肺薏米粥 🍴

💛 原料 ·🏠·

猪肺100克、薏米50克；姜末、葱末、盐各适量。

💛 做法 ·🌼🌸·

1 薏米洗净，用水浸泡2小时。
2 猪肺清洗干净，放入砂锅内，加入适量清水煮至七成熟，捞出，切小丁，加盐腌渍入味。
3 砂锅加入适量清水，放入处理好的猪肺丁、薏米，大火烧沸后，转小火煨熬，待薏米熟烂时，加入姜末、葱末即可。

妈妈喂养经

气虚咳嗽的症状为咳嗽日久不愈，咳声无力，痰液清稀，面白多汗等。猪肺可益肺、止咳，对气虚咳嗽有显著疗效。

鲜百合银耳粥 🍴

💛 原料 ·🌼🌸·

鲜百合30克、水发银耳20克、大米50克、红枣10颗、红豆10克；白糖适量。

💛 做法 ·🌼🌸·

1 鲜百合、红枣分别洗净；大米、红豆淘洗干净后，用清水浸泡2小时；银水发耳去蒂，洗净，撕成小片。
2 砂锅加入适量清水，放入红豆、大米煮至五成熟，再加入鲜百合、红枣、银耳同煮成粥，加白糖搅匀即可。

妈妈喂养经

阴虚咳嗽的特点是干咳少痰，咳久不愈，常伴形体消瘦、口干咽燥、手足心热等症状。宝宝患阴虚咳嗽后，可用鲜百合银耳粥调理。

胡萝卜泥 🍴

❤ 原 料

胡萝卜100克；蜂蜜适量。

❤ 做 法

胡萝卜洗净，去皮，放入清水锅中煮熟，取出捣烂，加蜂蜜拌匀即可。

妈 妈 喂 养 经

腹泻是宝宝常见病之一，胡萝卜可抑制肠道蠕动，因消化不良而引起腹泻的宝宝可适当食用。

栗子山药姜枣粥 🍴

❤ 原 料

栗子、红枣各20克，山药30克，生姜6克，大米50克；红糖适量。

❤ 做 法

1 栗子剥壳，去衣膜，洗净；红枣洗净，去核；山药洗净，去皮，切块；生姜洗净，切片；大米用清水洗净。
2 锅加入适量清水，放入栗子肉、红枣、山药块、生姜片、大米煮成粥。
3 粥成后加入红糖搅匀即可。

Chapter 4 腹泻

鲜蘑菇炖豆腐 🍴

❤ 原 料

豆腐100克，鲜蘑菇30克，胡萝卜片50克；酱油、香油、盐、高汤各适量。

❤ 做 法

1 鲜蘑菇去蒂，洗净，撕成小片；豆腐洗净，切成小块。
2 砂锅置火上，放入豆腐块、胡萝卜片、鲜蘑菇片以及高汤，煮沸后，转小火炖10分钟，加入酱油、盐调味，淋上香油即可。

妈 妈 喂 养 经

腹泻易引起身体营养缺乏，在腹泻期间应多食用营养成分高、纤维素低的食物，豆腐、胡萝卜十分适合，对于脾胃养护也有一定的作用。

栗子粥 🍴

💗 **原 料** ⭑

栗子15克、大米60克；白糖适量。

💗 **做 法** ⭑

1 栗子剥壳，去皮，风干后研成粉或用搅拌机打成粉；大米洗净。

2 砂锅加入适量清水，放入大米，煮沸后加栗子粉，再用小火煮。

3 待粥熟时，加入白糖调味即可。

乌梅粥 🍴

💗 **原 料** ⭑

乌梅5克、大米60克；冰糖适量。

💗 **做 法** ⭑

1 乌梅用清水洗净；大米洗净。

2 砂锅加入适量清水，放入乌梅煎汁。

3 待汁变浓时，加入大米煮粥。

4 粥成后加入适量冰糖，再煮2分钟，待冰糖溶化关火即可。

莲子锅巴粥 🍴

💗 **原 料** ⭑

莲子20克，锅巴、大米各30克；白糖适量。

💗 **做 法** ⭑

1 莲子洗净，去心；大米洗净。

2 砂锅加入适量清水，放入莲子、大米、锅巴共煮。

3 待粥将成时，加入白糖调味，再稍煮即可。

莲藕粥 🍴

💗 **原 料** ⭑

莲藕30克、大米50克；白糖适量。

💗 **做 法** ⭑

1 莲藕用清水洗净，去皮，切薄片；大米洗净。

2 砂锅加入适量清水，放入藕片、大米煮粥。

3 粥熟后，加入白糖搅匀即可（可用颜色鲜艳的橘皮切丝作装饰，吸引宝宝食欲）。

鲜丝瓜花炒鸡蛋 🍴

💗 原 料

鲜丝瓜花5朵、鸡蛋2个；植物油、盐各适量。

💗 做 法

1 鲜丝瓜花去蒂，洗净；鸡蛋打到碗内，加少许盐，打散。

2 锅置火上，放入植物油，将鸡蛋液放入锅内，翻炒几下，放入丝瓜花翻炒，最后加盐调味即可。

核桃蒸鸡蛋 🍴

💗 原 料

核桃、鸡蛋各1个；植物油、盐各适量。

💗 做 法

1 鸡蛋打散备用；核桃取仁，研成细末；鸡蛋液中加入核桃仁末、盐，搅拌均匀。

2 锅置火上，倒植物油烧热，放入鸡蛋液，翻炒均匀，加盐调味即可。

三椒鸡片 🍴

💗 原 料

鸡肉100克，青椒、红椒、黄椒各1/2个；植物油、盐、香油、淀粉各适量。

💗 做 法

1 鸡肉用清水洗净，切薄片，放盐、淀粉，腌渍10分钟；青椒、红椒、黄椒分别去蒂、籽，洗净，切滚刀块。

2 炒锅置火上，加入适量清水煮沸，放入青椒块、红椒块、黄椒块焯烫一下，捞出，过凉水，沥干。

3 锅置火上，加入植物油，放入鸡肉片，用大火炒至变白，放入焯好的椒块翻炒，再加盐调味，稍炒片刻后加香油即可。

妈妈喂养经

鸡肉有温中益气、健脾胃的功效，宝宝腹泻后期容易营养不足，食用鸡肉不仅有助于脾胃恢复，更能帮助补充流失的营养，十分有益。

番茄虾仁

♥ 原料

虾仁50克、番茄100克、青椒20克；植物油、盐、蒜瓣、水淀粉各适量。

♥ 做法

1 虾仁去除沙线，洗净；番茄洗净，切滚刀块；青椒洗净，切丝。

2 锅置火上，加入植物油，烧热后放虾仁、蒜瓣迅速翻炒，再放入番茄块、盐，继续用小火翻炒，待番茄的汤汁炒出来时，放入青椒丝翻炒。

3 再转大火翻炒，用水淀粉勾芡即可。

胡萝卜烩豆角

♥ 原料

胡萝卜1根、豆角250克；植物油、盐、蒜丁各适量。

♥ 做法

1 豆角去蒂，用清水洗净，斜切成2寸长段；胡萝卜去皮，洗净，切条。

2 锅置火上，加入适量油，七成热时放入蒜丁爆香，放入胡萝卜条、豆角段，加入盐，翻炒约1分钟。

3 加入适量凉水，盖上锅盖，用中火焖5分钟左右即可。

南瓜豆腐饼

♥ 原料

豆腐100克、南瓜50克；植物油、白糖、淀粉、面粉各适量。

♥ 做法

1 南瓜洗净，去皮、瓤，切块，上蒸锅蒸熟，取出放盘中，用勺子压成泥状，放入豆腐、淀粉、白糖、面粉，拌成糊状后做成饼状，入盘，放入蒸笼，用中火蒸5分钟。

2 平底锅置火上，加入适量植物油，放入南瓜豆腐饼，两面煎至金黄色后装盘即可。

妈妈喂养经

南瓜营养丰富，对腹泻有一定的辅助疗效，但南瓜最好不要与羊肉同食，患有黄疸的宝宝也不宜吃南瓜。

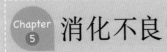

消化不良

海蜇荸荠汤 🍴

♥ 原料
海蜇30克、荸荠15克；盐适量。

♥ 做法
1 海蜇用温水泡发，洗净，切末；荸荠洗净，去皮，切小丁。
2 砂锅加入适量清水，放入海蜇末、荸荠丁，先用大火煮沸，再转小火煮1小时，加入盐调味即可。

妈妈喂养经
　　消化不良是宝宝常见病之一，妈妈一定要了解宝宝消化不良的原因，对症给予食疗。海蜇荸荠汤对宝宝因消化不良引起的肠胃积滞、面黄肌瘦、腹泻等有一定辅助疗效。

胡萝卜汤 🍴

♥ 原料
胡萝卜100克；红糖适量。

♥ 做法
1 胡萝卜洗净，去皮，切小块。
2 砂锅加入适量清水，放入胡萝卜块同煮。
3 待胡萝卜块煮至熟烂时，加入红糖，煮沸即可。

妈妈喂养经
　　胡萝卜含丰富的维生素，在烹调时注意火候，防止维生素流失。

玉米粒山药粥 🍴

♥ 原料
玉米粒50克、山药25克；白糖适量。

♥ 做法
1 玉米粒洗净备用；山药洗净，去皮，切小块备用。
2 砂锅加入适量清水，放入玉米粒、山药块，大火煮沸后，转小火煮至玉米粒、山药烂熟，加入白糖搅匀即可。

山楂梨粥

♥ 原 料
梨100克、大米50克、山楂5克；冰糖适量。

♥ 做 法
1 大米淘洗干净，用清水泡2小时；梨、山楂分别用清水洗净，去籽，切小丁。
2 砂锅加适量清水，放入梨丁、山楂丁、冰糖同煮成果酱。
3 砂锅加入适量清水，放入大米煮成粥。
4 将山楂梨酱倒入粥内，煮沸即可。

鸡内金粥

♥ 原 料
鸡内金5克、大米50克；白糖适量。

♥ 做 法
1 大米洗净；鸡内金洗净，风干，研成末。
2 砂锅加入适量清水，放入大米煮粥。
3 粥熟时，加入鸡内金末，稍煮片刻，放入适量白糖调味即可。

清煮豆腐

♥ 原 料
豆腐100克；盐、葱花、香油、水淀粉各适量。

♥ 做 法
1 豆腐洗净，切丁，用清水浸泡30分钟，捞出沥水。
2 砂锅加入清水、豆腐丁，用大火煮沸后转小火煮至熟，用水淀粉勾薄芡，加入盐、葱花、香油调味即可。

妈 妈 喂 养 经
　　豆腐具有帮助消化、增进食欲的功能。豆腐以内无水纹、无杂质、晶白细嫩为上佳；内有水纹、气泡、细微颗粒且颜色微黄的为劣质豆腐。

Chapter 6 便秘

莴笋橘子汁

♥ 原 料

莴笋250克、橘子200克；白糖适量。

♥ 做 法

1 莴笋洗净，去皮，切长条状；橘子去皮、籽。
2 将莴笋条、橘子放入榨汁机中榨汁。
3 将榨好的汁过滤，加入白糖搅匀即可。

妈妈喂养经

宝宝便秘是指宝宝大便干燥、坚硬、量少或排便困难。其原因多是宝宝的膳食过于精细，缺乏膳食纤维或生活习惯不当所致。

北沙参甘蔗汁 🍴

♥ 原 料

北沙参15克，鲜石斛、麦冬各12克，玉竹9克，山药10克，甘蔗汁250克；白糖适量。

♥ 做 法

1 鲜石斛、麦冬、玉竹、北沙参、山药分别用清水洗净备用。
2 砂锅置火上，加入适量清水，放入鲜石斛、麦冬、玉竹、北沙参、山药煎汁。
3 将煎好的汤汁过滤，放入甘蔗汁、白糖搅匀即可。

妈妈喂养经

此汁有助宝宝开胃健脾，妈妈可在饭后给宝宝饮用，帮助宝宝消食化积。

芝麻杏仁糊 🍴

♥ 原 料

黑芝麻、大米各30克，甜杏仁10克；白糖适量。

♥ 做 法

1 黑芝麻、大米去除杂质，洗净，用清水浸泡至软，捞出沥干。
2 杏仁洗净，晾干。
3 所有材料放入豆浆机中，加适量清水，煮成稠糊状即可。

妈妈喂养经

黑芝麻中含有丰富的脂肪酸，有助于润滑肠道，有效改善宝宝便秘状况。

核桃银耳汤 🍴

♥ 原 料 ······

核桃仁30克、银耳10克、猪瘦肉100克；盐适量。

♥ 做 法 ······

1. 核桃仁洗净；银耳用清水泡发，去蒂，撕成片；猪瘦肉洗净，切片。
2. 砂锅加入适量清水，放入核桃仁、银耳片与猪瘦肉片，用大火煮沸，再转小火煮至猪瘦肉熟烂，加入盐调味即可。

妈 妈 喂 养 经

妈妈在选择银耳时，要选那些色泽黄白、鲜洁发亮、瓣大似花、气味清香、带韧性、无斑点杂色、无碎渣的为佳。

莲子豆腐汤 🍴

♥ 原 料 ······

莲子20克、豆腐100克；植物油、盐、高汤、葱末、姜末各适量。

♥ 做 法 ······

1. 豆腐用清水浸泡30分钟，捞出沥干，切片；莲子洗净，去心。
2. 锅置火上，放入植物油烧热，放入姜末煸香，加高汤，放入莲子，用大火煮沸，再转小火熬20分钟，最后放豆腐片煮熟。
3. 加盐和葱末，搅匀即可。

妈妈喂养经

豆腐可补中益气、清热润燥、清洁肠胃，与莲子同煮汤，可以祛火润肠，改善便秘状况。

菠菜泥奶油汤🍴

♥ 原 料

菠菜75克、奶油20克；白糖适量。

♥ 做 法

1 菠菜去根，用清水洗净，再用沸水焯烫后捞出，用凉开水冲一下，剁成泥状。

2 砂锅加入适量清水，放入奶油烧沸，搅拌均匀。

3 将菠菜泥、适量白糖放入奶油汤中，搅匀即可。

蜜奶白芝麻羹🍴

♥ 原 料

牛奶200毫升、白芝麻20克；蜂蜜适量。

♥ 做 法

1 白芝麻去杂质，洗净，沥干。

2 平底锅置火上，放入白芝麻，用小火炒熟，盛出后研成细末。

3 牛奶放入锅中煮沸，加入蜂蜜、白芝麻末，搅匀即可。

红薯粥🍴

♥ 原 料

红薯（紫皮黄心的最好）100克、大米50克；白糖适量。

♥ 做 法

1 红薯洗净，连皮切块；大米淘洗干净。

2 砂锅加入适量清水，放入红薯块、大米同煮。

3 粥成时，加入白糖搅匀，再煮沸一次，关火即可。

妈 妈 喂 养 经

红薯粥可治大便秘结，便中带血。最好让宝宝空腹食用，宜趁热服食，冷后食用易受凉，还可能引起泛酸。

果仁橘皮粥 🍴

♥ 原料

甜杏仁、松子仁、白芝麻各5克，鲜橘皮10克，大米50克；白糖适量。

♥ 做法

1. 鲜橘皮洗净，切丝；杏仁、松子仁、白芝麻去杂质，洗净，捣碎。
2. 砂锅加入适量清水，放入鲜橘皮丝、杏仁碎、松子仁碎、白芝麻末共煮；大米洗净，备用。
3. 捞出渣，留汁，放入大米煮粥，粥成后加入白糖搅匀即可。

蛋丝拌韭菜 🍴

♥ 原料

韭菜100克、鸡蛋2个；植物油、盐、白糖、香油、姜丝各适量。

♥ 做法

1. 韭菜择洗干净，用沸水焯至断生，切段，放入盘中；鸡蛋打入碗内，加少许盐，打散。
2. 锅置火上，加少量植物油烧热，放入蛋液，摊成蛋皮。
3. 出锅后的蛋皮切成蛋丝，置于韭菜段上，放盐、白糖、香油、姜丝搅匀即可。

核桃仁散 🍴

♥ 原料

核桃仁50克；白糖适量。

♥ 做法

1. 核桃仁洗净，沥水备用。
2. 平底锅置火上，放入核桃仁用小火炒至香脆后出锅。
3. 将炒好的核桃仁用搅拌机打成碎末，加入白糖拌匀即可。

烤椰汁软糕 🍴

♥ 原料

椰汁、牛奶各500毫升，鸡蛋1个（取蛋清）；玉米粉、植物油、白糖各适量。

♥ 做法

1. 玉米粉放在盆中，加入椰汁搅匀；鸡蛋清放入另一盆中，打成泡沫状；将植物油涂抹在干净的大盘中备用。
2. 砂锅加入清水、牛奶、白糖煮沸，倒入拌好的玉米粉，搅动煮沸成糊，倒入装蛋清的盆中搅匀，再倒在涂好油的大盘中，放入烤箱，熟后取出切块即可。

Chapter 7 扁桃体炎

鲜牛蒡消炎饮

♥ 原 料

鲜牛蒡60克；白糖适量。

♥ 做 法

1 鲜牛蒡用清水洗净，去皮，切块。

2 砂锅加入适量清水，放入鲜牛蒡块大火烧沸，再转小火煎熬。

3 待汤汁变稠时，加入白糖搅匀即可。

妈 妈 喂 养 经

　　鲜牛蒡可治咽喉热肿，有清火、消炎的功效。在给牛蒡去皮时，最好戴上手套，防止汁液弄到手上，引起发痒。

丝瓜饮

♥ 原 料

老丝瓜200克；蜂蜜适量。

♥ 做 法

1 丝瓜用清水洗净，去皮，剖开，去籽，切碎。

2 砂锅内加水，放入切好的丝瓜碎，大火烧沸后，转小火煎熬1小时。

3 捞出丝瓜渣，继续用小火将汁液煎熬至黏稠，关火，加入适量蜂蜜搅匀即可。

妈 妈 喂 养 经

　　宝宝扁桃体发炎会感到咽痛、咽部不适，还会发热。家长可随时让宝宝饮用丝瓜饮，对治疗宝宝扁桃体炎有很大帮助。

清热西瓜皮水

❤ 原 料

西瓜皮100克；白糖适量。

❤ 做 法

1 将西瓜皮洗净，去表皮，再去除里面的红色果肉部分，切片。
2 砂锅加入适量清水，放入西瓜皮片，大火煮沸后，转小火煮1小时。
3 加入适量白糖搅匀即可。

妈 妈 喂 养 经

在炎热的夏季，给宝宝做一道清凉的西瓜皮水，能够消暑祛热。

苹果油菜汁 ✕

❤ 原 料

苹果300克、油菜15克、牛奶150毫升；蜂蜜适量。

❤ 做 法

1 苹果洗净，去皮、心，切成块。
2 油菜去根，用清水洗净，切成段。
3 将苹果块、油菜段放入榨汁机中榨汁，滤汁。
4 再加入牛奶、蜂蜜，调匀即可。

妈 妈 喂 养 经

妈妈要注意，宝宝吃生苹果时要给宝宝切成小块，让宝宝细嚼慢咽，以免影响正常的进食及消化。

蒲公英粥

♥ 原料

干蒲公英5克（或鲜蒲公英15克）、大米50克；白糖适量。

♥ 做法

1 蒲公英洗净，切末；大米淘洗后，用清水浸泡2小时。

2 砂锅加入适量清水，放入蒲公英末，用大火煮沸，转小火煎20分钟，去渣，放入泡发好的大米同煮成粥，加入白糖搅匀即可。

妈 妈 喂 养 经

蒲公英是一味很好的清热解毒药，不会苦寒伤胃，副作用极小。请在医生指导下合理使用。

糖渍海带丝

♥ 原料

水发海带300克；白糖适量。

♥ 做法

1 水发海带用清水洗净，切丝。

2 砂锅加适量清水，用大火烧沸后，放入海带丝煮熟，捞出，沥水，装入盘中，加入适量白糖腌渍即可。

肉末炒黄豆芽

♥ 原料

黄豆芽200克、猪五花肉100克；植物油、姜末、葱末、高汤、白醋、盐各适量。

♥ 做法

1 黄豆芽洗净，用沸水焯一下，沥干；猪五花肉洗净，去掉表层部分的白色肥肉，切肉末。

2 锅置火上，放植物油烧至五成热，放入姜末炒香，下猪五花肉末翻炒，再放入黄豆芽，加盐、白醋翻炒均匀，加入高汤，入味后，关火，放入葱末搅匀即可。

妈 妈 喂 养 经

切肉末前，一定要将五花肉表层的白色肥肉去掉，以免炒出的菜太过油腻，影响宝宝食欲。

川贝煲母鸭肉

♥ 原 料

母鸭肉120克、川贝5克；盐适量。

♥ 做 法

1 母鸭肉洗净，切成块；川贝洗净。

2 砂锅加入适量清水，放入母鸭肉块，大火煮沸后，转小火煮1.5小时。

3 放入川贝再煮30分钟，加盐调味即可。

妈 妈 喂 养 经

　　此品可化痰止咳，清肺解热，滋阴补血，适合扁桃体炎的宝宝食用。吃肉喝汤，每天1次。

绿豆炖老母鸡

♥ 原 料

老母鸡肉150克、绿豆20克；盐、姜各适量。

♥ 做 法

1 绿豆用清水洗净，用温水浸泡2小时备用。

2 姜洗净，去皮，切成薄片。

3 老母鸡肉洗净，切块，用沸水焯一下，捞出沥干备用。

4 炖盅加入500毫升的凉开水，放入绿豆、鸡块、姜片，盖上盖，隔水炖3小时，放入盐调味即可。

冻豆腐海带

♥ 原 料

冻豆腐100克、海带20克；盐、姜末、葱末、植物油各适量。

♥ 做 法

1 海带用温水泡发，洗净，切成片；冻豆腐洗净，切成大块，焯后沥水，切丁。

2 锅内放植物油烧热，炝香葱末、姜末，再放入豆腐块和海带片煸炒，加适量清水，用大火煮沸，再转小火煮15分钟至海带、豆腐入味，加盐调味即可。

Chapter 8 鹅口疮

苦瓜汁 🍴

♥ 原料

苦瓜300克；冰糖适量。

♥ 做法

1 苦瓜洗净，剖开，去瓤，切成块。
2 将苦瓜块放入榨汁机中榨汁，倒出后去渣，留汁备用。
3 砂锅加入少许清水，放入苦瓜汁煮沸，加入适量冰糖，煮至冰糖溶化即可。

妈妈喂养经

宝宝患鹅口疮后，其口腔两侧黏膜或舌头上会出现乳白色似奶块的白色片状物，进食时会有痛苦表情，严重时还会因疼痛而烦躁不安、胃口不佳、哭闹等，造成哺乳困难，且有时伴有轻度发热。

白萝卜橄榄汁 🍴

♥ 原料

白萝卜50克、橄榄100克；白糖适量。

♥ 做法

1 白萝卜洗净，去皮，切块；橄榄洗净，去核。
2 将白萝卜块、橄榄放到榨汁机中，榨汁。
3 将榨好的汁过滤，放入小碗内，加入白糖搅匀，再加入适量清水，一起倒入锅中煮沸即可。

荷叶冬瓜汤 🍴

♥ 原料

荷叶5克、冬瓜100克；盐适量。

♥ 做法

1 荷叶用清水洗净，撕片；冬瓜用清水洗净，去瓤、皮，切片备用。
2 砂锅加入适量清水，放入荷叶片、冬瓜片同煮。
3 待冬瓜熟后，将荷叶拣出，用盐调味，饮汤吃冬瓜片即可。

妈妈喂养经

此汤清热利尿，生津止渴，适用于小儿鹅口疮、口舌生疮、小儿夜啼等。

番茄糯米粥 🍴

💗 **原 料** • 🌸 •

番茄100克、糯米50克；蜂蜜适量。

💗 **做 法** • 🌸 •

1 番茄用清水洗净，去蒂、皮，放入榨汁机中榨汁；糯米用清水洗净备用。

2 砂锅加入适量清水，放入番茄汁、糯米，用大火煮沸，再转小火熬煮，待粥变稠时，加入适量蜂蜜搅匀即可。

柿饼粥 🍴

💗 **原 料** • 🌸 •

带霜柿饼2个、大米50克；白糖适量。

💗 **做 法** • 🌸 •

1 大米用清水淘洗干净，再用水浸泡2小时；带霜柿饼切块，备用。

2 砂锅放入适量清水，放入大米，大火煮沸后再转小火熬煮。

3 待粥渐成时，放入柿饼块、白糖，搅匀即可。

莲子绿豆粥 🍴

💗 **原 料** • 🌸 •

大米50克，百合15克，莲子、绿豆各10克；冰糖适量。

💗 **做 法** • 🌸 •

1 百合用温水泡发，再用清水洗净，切丁；莲子洗净，去心；大米、绿豆分别洗净；备用。

2 砂锅加适量清水烧沸，放入大米、莲子、绿豆，用大火煮沸，再转中火熬煮。

3 30分钟后，放入百合丁、冰糖煮至粥稠即可。

妈 妈 喂 养 经

　　绿豆含有丰富的无机盐和维生素，用其熬粥可以祛火解毒，还可辅助治疗宝宝口舌生疮。

妈 妈 喂 养 经

　　柿饼上的柿霜可治疗咽干喉痛，口舌生疮等症，但其性凉，煮粥时不宜放入太多。

Chapter 9 贫血

黑芝麻糊 🍴

♥ 原料

黑芝麻30克、大米60克；红糖适量。

♥ 做法

1 黑芝麻去杂质，用清水洗净；大米洗净，沥干后用搅拌机打成末。

2 将黑芝麻炒熟，研成末。

3 砂锅加入适量清水，放入大米末与黑芝麻末同煮。

4 煮成糊后，加入红糖搅匀即可。

妈妈喂养经

　　黑芝麻含有的铁和维生素E，是预防贫血、活化细胞的重要成分，与大米、红糖搭配，是治疗宝宝贫血的佳品。

乌鸡汤 🍴

♥ 原料

乌鸡1只、陈皮10克；香油、盐、姜片、葱段、酱油各适量。

♥ 做法

1 乌鸡去毛、内脏，洗净后剁块；陈皮洗净，切丝备用。

2 砂锅加入适量清水，放入乌鸡块、陈皮丝、姜片、葱段，用大火煮沸，转小火煮30分钟，再加入酱油、盐、香油调味即可。

妈妈喂养经

　　贫血的宝宝会有如下症状：皮肤黏膜逐渐苍白；头发枯黄、倦怠乏力、食欲不振、不爱活动或烦躁、注意力不集中，记忆力减退、智力低于同龄人；少数有异食癖(如喜食泥土、煤渣)。

猪皮红枣羹 🍴

♥ 原料

猪皮50克、红枣10克；盐适量。

♥ 做法

1 猪皮去毛，用清水洗净，切长条；红枣洗净，去核。

2 砂锅加入适量清水，放入切好的猪皮条，大火煮沸后放入红枣，再转小火煮至黏稠，加入盐调味即可。

红枣花生粥🍴

💚 原 料

红枣、大米各30克，花生仁（连红衣）40克；红糖适量。

💚 做 法

1 大米洗净，用清水泡2小时；花生仁洗净，用清水浸泡3小时；红枣洗净。

2 砂锅加入适量清水放入大米、花生仁与红枣熬成粥，加入红糖搅匀，稍煮片刻即可。

妈 妈 喂 养 经

妈妈一定要注意，不能食用发了霉的花生。因为花生霉变后会含有大量致癌物质——黄曲霉素，吃了对健康有害。

冬瓜乌鸡汤🍴

💚 原 料

冬瓜200克，乌鸡1只，猪瘦肉适量；姜、盐各适量。

💚 做 法

1 冬瓜洗净，去皮，切块；姜洗净，切成片；乌鸡收拾干净，切成块；猪瘦肉洗净，切小块。

2 锅中放水、乌鸡块、姜片、猪瘦肉块，大火煮半小时，撇去浮沫，转中火煮90分钟，再将切好的冬瓜块放入，用小火慢炖30分钟，最后放盐调味即可。

猪肝黄豆煲🍴

💚 原 料

猪肝80克、黄豆20克；桂皮、八角、酱油、盐各适量。

💚 做 法

1 黄豆洗净；桂皮研末；猪肝去筋膜，洗净，用水浸泡30分钟，捞出切片，用盐腌渍5分钟。

2 砂锅加入适量清水，放入黄豆，煮至八成熟，加入猪肝片、桂皮末、八角、酱油、盐，用小火煮30分钟即可。

妈 妈 喂 养 经

猪肝可养血，但常有一种异味，烹制前，妈妈最好先用水将血洗净，然后剥去筋膜，再加适量牛奶浸泡几分钟，就可清除猪肝异味。

Chapter 10 自汗、盗汗

炒小麦红枣桂圆饮 🍴

♥ 原料

炒小麦30克、红枣5颗、桂圆10克；白糖适量。

♥ 做法

1 红枣、桂圆分别用清水洗净，红枣去核，桂圆去皮、核。
2 砂锅加入适量清水，放入炒小麦、红枣、桂圆煮20分钟。
3 滤去渣，汤汁内加入白糖调味即可。

核桃仁莲子山药羹 🍴

♥ 原料

核桃仁、去心莲子各300克，黑豆、山药粉各150克，大米100克；冰糖适量。

♥ 做法

1 核桃仁、莲子、黑豆分别洗净，研成粉；大米洗净，备用。
2 砂锅加入适量清水，放入研磨好的核桃仁粉、莲子粉、黑豆粉、山药粉、大米，先用大火煮沸，再转小火煨熬。
3 待成羹后，加入冰糖搅匀，再熬2分钟即可。

妈妈喂养经

　　有的宝宝自汗、盗汗是由于缺钙，吃些核桃非常有帮助。另外，自汗、盗汗说明身体有火，食用莲子可以清心去火，十分有益。

泥鳅汤 🍴

♥ 原 料

泥鳅100克；植物油、盐、葱花各适量。

♥ 做 法

1 泥鳅先用热水洗去表面的黏液，去头，剖腹去内脏，再用清水洗净，沥干。
2 锅置火上，倒植物油烧热，放入泥鳅煎至焦黄色，加入适量清水，先用大火煮沸，再转小火煮至汤浓。
3 放入盐、葱花搅匀即可。

糯米小麦粥 🍴

♥ 原 料

糯米50克、小麦20克；红糖适量。

♥ 做 法

1 糯米用清水洗净；小麦用清水洗净后，再用清水浸发2小时。
2 砂锅加入适量清水，放入小麦煮至八成熟，再放糯米用大火煮沸，转小火煨煮。
3 粥成后，加入红糖搅匀，关火即可。

红枣大米粥 🍴

♥ 原 料

红枣10克、大米50克；白糖适量。

♥ 做 法

1 红枣、大米分别用清水洗净，红枣去核。
2 砂锅加入适量清水，放入红枣、大米，用大火煮沸，再用小火煮20分钟。
3 待粥变黏稠后，加入白糖调味即可。

海参粥 🍴

♥ 原料
海参30克、大米60克；白糖适量。

♥ 做法
1. 海参用清水泡软，剖开，洗净，切丝；大米洗净。
2. 砂锅加入适量清水，放入海参丝煮至熟烂，再放入大米，大火烧沸，转小火煮至黏稠，放入白糖调味即可。

胡萝卜炒腰花 🍴

♥ 原料
猪腰1个、胡萝卜50克；植物油、盐、葱末、姜末各适量。

♥ 做法
1. 猪腰洗净，去筋膜，切腰花，用盐腌15分钟；胡萝卜洗净，切片。
2. 锅置火上，加入适量植物油，油热后放入姜末、葱末，煸香后放腰花翻炒，待腰花颜色变后，加入胡萝卜片翻炒。
3. 待胡萝卜熟后，加盐调味即可。

羊肚糯米枣 🍴

♥ 原料
糯米50克、羊肚1个、红枣10克；香油、酱油、盐各适量。

♥ 做法
1. 糯米、红枣分别洗净，浸泡备用；羊肚去污，洗净，放入碗中。
2. 红枣、糯米、香油、酱油、盐，拌匀，塞入羊肚中，入蒸锅蒸熟，取出晾凉，切片即可。

妈妈喂养经
　　中医将白天无故出汗称"自汗"；夜间睡眠出汗，醒后汗自止称为"盗汗"。如果宝宝体质虚弱，就可能会出现自汗、盗汗现象。

酸甜鱼块🍴

♥ 原料 ……………………………✿

鲩鱼300克、鸡蛋1个；葱段、姜末、番茄酱、白糖、醋、盐、淀粉、植物油各适量。

♥ 做法 ……………………………✿

1 鲩鱼洗净，剁块，用盐、姜末腌渍片刻；鸡蛋打散与淀粉搅拌，裹在鱼块上。

2 油锅烧热，下鱼块炸至金黄色捞出，余油爆香葱段，加白糖、醋、番茄酱、盐、水煮成汁，浇在鱼块上即可。

黄鱼烩玉米🍴

♥ 原料 ……………………………✿

黄鱼150克、玉米粒100克、鸡蛋1个（取蛋清）；植物油、盐、鲜汤、淀粉、水淀粉各适量。

♥ 做法 ……………………………✿

1 黄鱼去皮、去刺，切成片，清水漂净，加盐、蛋清、淀粉上浆待用；玉米粒洗净。

2 油锅烧热，下入黄鱼片滑油至熟捞出，沥油。

3 锅洗净，放入适量鲜汤，烧沸加盐，放入玉米粒、黄鱼片烧沸，水淀粉勾芡，淋熟油即可。

木耳炒猪瘦肉🍴

♥ 原料 ……………………………✿

水发木耳30克、猪瘦肉50克、西葫芦片20克；植物油、盐、姜片、水淀粉各适量。

♥ 做法 ……………………………✿

1 木耳洗净，撕成小朵；猪瘦肉洗净，切片，加入少许盐、水淀粉腌渍。

2 油锅烧热，倒入猪瘦肉炒至八成熟时倒出。

3 余油烧热，放入姜片、猪瘦肉片、西葫芦片、木耳炒至熟，用盐调味即可。

海米冬瓜🍴

♥ 原料 ……………………………✿

冬瓜200克、海米30克；盐、葱、姜、高汤、植物油各适量。

♥ 做法 ……………………………✿

1 将冬瓜去皮、瓤，洗净，切片；海米泡发，洗净；葱、姜分别洗净，切成丝。

2 油锅烧热，炝香葱丝、姜丝、海米，再放入高汤、冬瓜片，用中火煮熟后，加入盐调味即可。

菜肴制作 张　磊
图片提供 北京全景视觉网络科技有限公司
达志影像
华盖创意图像技术有限公司